Ambrose Paulraj
Narasimman Manickam
Razack Rafi Mohamed

Cultura de camarão com práticas de troca zero de água

Ambrose Paulraj
Narasimman Manickam
Razack Rafi Mohamed

Cultura de camarão com práticas de troca zero de água

Análise microbiana do solo de camarões cultivados em tanques de água doce com práticas de troca de água zero

ScienciaScripts

Imprint

Any brand names and product names mentioned in this book are subject to trademark, brand or patent protection and are trademarks or registered trademarks of their respective holders. The use of brand names, product names, common names, trade names, product descriptions etc. even without a particular marking in this work is in no way to be construed to mean that such names may be regarded as unrestricted in respect of trademark and brand protection legislation and could thus be used by anyone.

Cover image: www.ingimage.com

This book is a translation from the original published under ISBN 978-620-7-80834-2.

Publisher:
Sciencia Scripts
is a trademark of
Dodo Books Indian Ocean Ltd. and OmniScriptum S.R.L publishing group

120 High Road, East Finchley, London, N2 9ED, United Kingdom
Str. Armeneasca 28/1, office 1, Chisinau MD-2012, Republic of Moldova, Europe
Printed at: see last page
ISBN: 978-620-7-86079-1

CULTURA DO CAMARÃO COM PRÁTICAS DE TROCA DE ÁGUA ZERO

(Análise microbiana do solo de camarões cultivados em tanques de água doce com práticas de troca de água zero)

Autores

Dr. A. PAULRAJ., M. Sc., M. Phil., Ph.D.,

Dr. N. MANICKAM, M. Sc., B. Ed., M. Phil., Ph. D,

Dr. R. RAFI MOHAMED, M. Sc., Ph.D.,

Sra. ARUMUGAM ANNAKILI, M. Sc., B. Ed,

LAMBERT Academic Publishing

GmbH & Co. KG, ALEMANHA.

2024

Editores

Dr. A. PAULRAJ., M. Sc., M. Phil., Ph.D.,
Professor convidado
P.G. & Research Departamento de Zoologia
Colégio de Artes do Governo para Homens
Krishnagiri - 635 001, Tamil Nadu, Índia.
E-Mail: ambrose.paulraj@rediffmail.com; paulambu2011@gmail.com

Dr. N. MANICKAM, M. Sc., B. Ed., M. Phil., Ph. D,
Professor Assistente
Departamento de Zoologia
Faculdade de Artes e Ciências de Meenakshi.
Eriyur (Posto), Pennagaram (Tk),
Dharmapuri (Dt), Tamil Nadu, 636 810, Índia.
E-Correio eletrónico: nmanickam5@gmail.com; drmanickam5@gmail.com;
        nmanickam5@bdu.ac.in

Antigo investigador associado (DBT - Governo da Índia)
Laboratório de Plânctonologia Marinha e Aquacultura
Departamento de Ciências Marinhas
Escola de Ciências Marinhas
Universidade de Bharathidasan
Tiruchirappalli - 620 024, Tamil Nadu, Índia.

Dr. R. RAFI MOHAMED, M. Sc., Ph.D.,
Professor associado e diretor,
P.G. e Departamento de Investigação de Zoologia,
C. Abdul Hakeem College (Autónomo),
Melvisharam - 632 509, distrito de Ranipet, Tamil Nadu, Índia.
Correio eletrónico: rafimohamed620@gmail.com

Sra. ARUMUGAM ANNAKILI, M. Sc., B. Ed,
P.G. & Research Departamento de Zoologia
Colégio de Artes do Governo para Homens
Krishnagiri - 635 001, Tamil Nadu, Índia.

Dedicado
para
A minha Amma Leela*, Appa* Ambrose *e o meu irmão*
Nirmal Prabu

Índice

Sobre os editores

O Dr. A. PAULRAJ. trabalha atualmente como professor convidado no Departamento de Zoologia e Investigação, Government Arts College for Men, Krishnagiri e Tamil Nadu, Índia. Concluiu o bacharelato em Zoologia no Loyola College, Chennai (1992); o mestrado, o doutoramento e o mestrado em Zoologia (2002) no The New College (Universidade de Madras), Chennai e Tamil Nadu, Índia. A sua área de especialização é a cultura do camarão de água doce *Macrobrachium rosenbergii* do ponto de vista do agricultor. As suas áreas de investigação incluem aspectos da cultura de peixes, camarão, vannamei e peixes ornamentais de água doce e formulação de rações com incrementos locais, bioquímica - aminoácidos, ácidos gordos e genética. Estudos de probióticos e imunoestimulantes em alevinos de peixes, camarão, camarão (*vannamei*) e peixes ornamentais. Estudos de eletroforese e cromatografia em animais aquáticos, estudos de biotecnologia como o isolamento e a purificação de ADN e ARN, impressão digital de ADN RFLP, RAPD e mapeamento de restrição, técnicas de blotting, isolamento e identificação de bactérias e fungos no solo, na água e nos tecidos. Teste de sensibilidade bacteriana aos antibióticos, técnicas de bioprocessos, vermicomposto e ciências dos lacticínios. Parâmetros físicos e químicos da água de lagoas, lagos, barragens e águas correntes de rios, estudos de fitoplâncton e zooplâncton em várias massas de água doce. Tem mais de 20 anos de experiência de ensino e 25 anos de experiência de investigação. Trabalhou como SRF no Programa de Ligação entre Aldeias e Instituições para Avaliação e Refinamento de Tecnologia no Agro-Ecossistema Costeiro, financiado pela FAO para o Projeto Nacional de Tecnologia Agrícola (IVLP-NATP-CIBA-ICAR). Recebeu o prémio Best Paper Presentation em conferências e seminários nacionais e internacionais. Recebeu o Prémio da União Europeia para Melhor Apresentação de Trabalho na Universidade de Ghent 2009. Publicou 11 artigos em revistas internacionais, apresentou 23 artigos a nível nacional e internacional, participou em 19 conferências, seminários e actas. É revisor de revistas nacionais e internacionais. Trabalhou como membro do Comité Organizador em três Conferências Nacionais realizadas no Departamento de Zoologia e Investigação do Govt. Arts College for Men, Krishnagiri e Tamil Nadu. Publicou 06 livros, incluindo 02 (LAP LAMBERT Academic Publishing), panfletos do CIBA-ICAR. Orientou 19 alunos de Mestrado em Filosofia e 23 alunos de Mestrado em Ciências. Publicou também o Boletim do CIBA n.º 15, março de 2003. Publicou o Manual of Live feed for Aqua-hatcheries 2014, patrocinado pela University Grants Commission, organizado pela Unidade de Biologia Reprodutiva e Cultura de Alimentos Vivos, Departamento de Zoologia, The New College (Autónomo), Chennai - 600 001, Tamil Nadu, Índia, para a citação de investigação 20311 na Research Academia.

O Dr. N. MANICKAM trabalha atualmente como Professor Assistente no Departamento de Zoologia, Sree Meenakshi Arts & Science College (Co-Ed.), Eriyur (Post) - 636 810, Pennagaram (Tk), Dharmapuri (Dt), Tamil Nadu, Índia. Foi investigador associado (DBT - Governo da Índia) no Departamento de

Ciências Marinhas, Escola de Ciências Marinhas, Universidade de Bharathidasan, Tiruchirappalli, Tamil Nadu, Índia. Concluiu o bacharelato em Zoologia (2002) no Govt. Arts College, Dharmapuri (afiliado à Periyar University, Salem), Tamil Nadu, Índia; o mestrado em Zoologia (2005) no Pachaiyappa's College (afiliado à University of Madras), Chennai, Tamil Nadu, Índia; o bacharelato em Educação (2007) no Biological Science, Chennai, Tamil Nadu, Índia, em Ciências Biológicas (2007) pelo "Our Lady College of Education (Affiliated to University of Madras), Chennai, Tamil Nadu, Índia; M. Phil. em Zoologia (2008) pelo The New College (University of Madras), Chennai, Tamil Nadu, Índia. Doutoramento em Zoologia (2015) pela Escola de Ciências da Vida, Universidade de Bharathiar, Coimbatore, Tamil Nadu, Índia. Tem mais de 16 anos de experiência de investigação. A sua área de estudo em Zoologia e especialização é Planktonologia (Fitoplâncton e Zooplâncton) e Aquacultura. As suas áreas de investigação especializadas em aquacultura e biologia de crustáceos incluem taxonomia, biodiversidade, biologia, ecologia e bioquímica do plâncton de água doce e marinho, ecotoxicologia aquática (biodiversidade, taxonomia, biologia e ecologia de microalgas e de animais aquáticos), limnologia, cultura de alimentos vivos para animais aquáticos, nutrição aquática, formulação de alimentos para animais aquáticos, probióticos para aquacultura, ecologia ambiental e toxicologia aquática. Produção em massa e aplicação de plâncton (de água doce e marinho) como alimento vivo em aquacultura e práticas de aquacultura sustentável, como a tecnologia Biofloc e Copefloc, aquaponia, sistema de aquacultura de recirculação (RAS). Trabalhou também como UGC-JRF (UGC), N-PDF (DST-SERB), PDF (UGC-Dr. D.S. Kothari), RA (DBT) do Governo da Índia, em projectos de investigação patrocinados. Trabalhou também como Investigador Associado - DBT (Governo da Índia/ Ministério da Ciência e Tecnologia), Universidade de Bharathidasan, Tiruchirappalli, Tamil Nadu, Título do Projeto: "Biologia celular e do desenvolvimento de organismos marinhos", no âmbito do projeto "Bioresource and Biotechnology (Networking Project)". Recebeu vários prémios, distinções e reconhecimento pela sua contribuição para as ciências da vida. Recebeu dois prémios de bolsas de pós-doutoramento: 1. Bolsa de Pós-Doutoramento (2019-2022) pelo UGC-Dr. D.S. Kothari (Govt. of India/Bharathidasan University, Tiruchirappalli, Tamil Nadu), Título do Projeto: "Produção sustentável de camarão *Penaeus vannamei de* importância comercial utilizando uma nova tecnologia biofloc-copefloc: Condições in-vitro e in-vivo". 2. National Post-Doctoral Fellowship (2016-2018) por DST-SERB (Govt. of India/Bharathidasan University, Tiruchirappalli, Tamil Nadu), Título do Projeto: "Aplicação de copépode marinho bioencapsulado probiótico como alimento vivo alternativo para a produção de sementes resistentes a doenças do camarão comercial *Litopenaeus vannamei*". Trabalhou também como Junior Research Fellow (JRF, 2010-2011) pelo UGC-MRP (Govt. of India/at Department of Zoology, Bharathiar University, Coimbatore, Tamil Nadu), Título do Projeto: Gestão da saúde através de alimentos vegetais de baixo custo para uma melhor sobrevivência, crescimento e produção de camarões de água doce economicamente importantes *Macrobrachium rosenbergii* e *Macrobrachium malcolmsonii*. Recebeu muitos prémios e distinções científicas (18 - Nos.): 1.

Prémio Jovem Cientista-2018 (EET CRS, 4th Prémios de Educação do Sul da Ásia-2019, realizados em 10th de março de 2019, organizados pela Education Expo TV, Greater Noida, Uttar Pradesh, Índia); 2. Prémio Cientista-2018 (Prémios de Brilhantismo Académico-2018, realizados em 28th -janeiro de 2018, organizados pela Education Expo TV (ABA-18), Greater Noida-201308, Uttar Pradesh, Índia); 3. Prémio de Melhor Apresentação-2017 (Conferência Internacional sobre "Biotecnologia e a sua Aplicação na Aquicultura e Pescas", realizada de 23rd a 25th , agosto - 2017, organizada pelo CAS em Biologia Marinha, Faculdade de Ciências Marinhas, Universidade de Annamalai, Tamil Nadu, Índia); 4. Prémio Ecologista do Ano-2017 (Congresso Mundial do Ambiente Limpo 2017 realizado em 5th junho, 2017 no Centro Internacional da Índia, Nova Deli, Índia); 5. Prémio de Melhor Apresentação Oral-2016 (Seminário nacional sobre "Imunodiagnóstico - Sistema e Métodos em Aquacultura", realizado de 07th a 8th , outubro - 2016, organizado pelo Centro de Estudos Avançados em Biologia Marinha, Faculdade de Ciências Marinhas, Universidade de Annamalai, Tamil Nadu, Índia); 6. Prémio Jovem Cientista do Ano-2016 (3rd Conferência Internacional Ambiente e Ecologia (ICEE-2017), realizada em 27th março de 2017 no St. Xavier's College, Ranchi, Jharkhand, Índia); 7. Prémio de Melhor Voluntário-2017 (Workshop Nacional de "Impacto das Alterações Climáticas no Ambiente Marinho (CCIME-2017)", realizado de 2nd a 3rd fevereiro-2017, organizado pelo Departamento de Ciências Marinhas, Universidade de Bharathidasan, Tiruchirappalli -620 024, Tamil Nadu, Índia); 8. Prémio de Melhor Jovem Investigador - 2016 (realizado em 10th maio de 2016 no GRABS Educational Charitable Trust, Chennai- 600114, Tamil Nadu, Índia). É membro da Sociedade de Engenharia Química, Biológica e Ambiental de Hong Kong (HKCBEES), Hong Kong, EUA e CHINA; da Sociedade Internacional de Ciências Zoológicas (ISZS) - CHINA, e membro vitalício da Associação do Congresso de Ciências da Índia, Kolkata, Índia. Trabalhou como editor, conselho editorial e revisor em muitas revistas internacionais e nacionais de renome. Publicou muitos resultados científicos em revistas internacionais e nacionais, cerca de 62 resultados de investigação, incluindo artigos de investigação: 35; Capítulos de livros: 18; Manuais: 01; Actas: 01 e Livros: 07 da LAP LAMBERT Academic Publishing), no total de citações 726; factores de impacto cumulativos de 25, Índice Total - i10 de 24; Índice H de 16 (Google Scholar); e pontuação de interesse de investigação de 952,8 e Leituras de membros 56.175 (Research Gate). Apresentou uma Sequência de Genes em Copépodes Marinhos.

O Dr. R. RAFI MOHAMED trabalha atualmente como Professor Associado e Chefe do Departamento de Zoologia do C. Abdul Hakeem College (Autónomo), Melvisharam - 632 509, Distrito de Ranipet, Tamil Nadu, Índia. Concluiu o mestrado e o doutoramento em Zoologia na Universidade de Bharathidasan, Tiruchirappalli, Tamil Nadu. A sua área de especialização é a produção em massa de larvas de camarão em laboratório, componentes de ração baratos, tanto de origem animal como vegetal, relacionados com a alimentação das larvas. As suas áreas de investigação incluem a taxonomia, a biodiversidade, a ecologia e a ecotoxicologia, a nanotecnologia e a bioremediação, os probióticos e a produção em massa de alimentos vivos para animais em aquacultura. Tem mais de 18 anos de experiência de ensino e 25 anos de experiência de investigação. Trabalhou como Professor Assistente no PG & Departamento de Zoologia, C. Abdul Hakeem College (Autónomo), Melvisharam, desde 2007 - 2018. Trabalhou também como JRF e SRF em grandes projectos de investigação patrocinados pelo Conselho Estatal de Ciência e Tecnologia de Tamil Nadu, Governo de Tamil Nadu. Recebeu vários prémios, honras e reconhecimento pela sua contribuição para a ciência. É membro do Conselho de Exames de PG na Universidade de Thiruvalluvar. É presidente do conselho de estudos da U.G. e P.G. no Colégio C. Abdul Hakeem (Autónomo), Melvisharam. É membro do Comité de Constituição (URF) da Universidade de Thiruvalluvar, Tamil Nadu. Publicou muitos resultados científicos em revistas internacionais e nacionais, nomeadamente 14 artigos de investigação e 2 livros (LAP LAMBERT Academic Publishing). Orientou 1 doutoramento, um bolseiro de investigação, completou 3 mestrados e 1 mestrado. É examinador externo em várias faculdades e universidades. Até à data, organizou 9 programas, incluindo conferências, seminários, workshops e formação em vários domínios das ciências da vida. Participou em várias conferências e seminários. Participou em 37 programas, incluindo orientação, atualização, programa de desenvolvimento do corpo docente, cursos de curta duração, conferências, seminários e workshops.

ARUMUGAM ANNAKILI, licenciou-se, fez mestrado em Zoologia, PG e Departamento de Investigação de Zoologia, Govt. Arts College for Men, Krishnagiri - 635 001 (Periyar University, Salem), Tamil Nadu, Índia; licenciou-se em Ciências Biológicas, Tamil Nadu, Índia.

Prefácio

A aquicultura pode ser definida como o cultivo humano de organismos em água (doce, salobra ou marinha). Distingue-se de outras produções aquáticas pelo grau de intervenção e controlo humano que é possível. É, em princípio, mais semelhante à silvicultura e à criação de animais do que à pesca tradicional. Por outras palavras, a aquicultura é mais uma atividade de criação de gado do que de caça. O processo de produção em aquicultura é determinado por factores biológicos, tecnológicos, económicos e ambientais. Muitos aspectos do processo de produção podem ser controlados pelo homem. As condições ambientais podem ser controladas em grande medida, os programas de reprodução podem ser empreendidos e a colheita pode ser programada de modo a assegurar o fornecimento contínuo de produtos frescos. Isto contrasta com a pesca de captura, que é controlada apenas através de regulamentos de colheita, quando muito, e embora a procura do recurso seja uma parte muito importante do processo de produção na pesca de captura, na aquicultura não é necessário esse esforço. A aquicultura é uma tecnologia de produção bem estabelecida. Pode ser datada de, pelo menos, dois milénios atrás na China e tem sido utilizada em muitas outras partes do mundo há mais de um século. As técnicas de produção variam muito de região para região, em função dos diferentes ambientes sociais e naturais, e de espécie para espécie, em função das diferentes exigências. No entanto, existem também várias características comuns, particularmente nas tecnologias de produção mais extensivas. As doenças das espécies aquícolas causadas por parasitas e agentes patogénicos infecciosos têm atraído a atenção de veterinários e biólogos de peixes desde os primeiros dias da investigação em aquacultura. Foram também sugeridas várias medidas profilácticas e curativas, embora muitas das substâncias químicas não tenham sido autorizadas para utilização em alguns países. Com o aumento dos investimentos na aquicultura e uma análise mais aprofundada dos factores que contribuem para os riscos enfrentados pelos aquicultores, o conceito de medidas integradas de proteção da saúde desenvolveu-se nos últimos anos. O conceito de controlo biológico das doenças, nomeadamente a utilização de moduladores microbiológicos para a prevenção das doenças, tem recebido uma atenção generalizada. Um suplemento bacteriano de uma cultura simples ou mista de estirpes bacterianas não patogénicas seleccionadas é denominado probiótico. Os probióticos são "organismos e substâncias que contribuem para o equilíbrio microbiano intestinal". Os probióticos incluem um amplo espetro de microrganismos vivos que consistem em leveduras, bactérias fotossintéticas e bactérias do ácido lático, outras bactérias Gram-positivas e Gram-negativas. Quando administrados em quantidades adequadas em lagos ou tanques, podem conferir benefícios para a saúde dos organismos cultivados e substituir ou reduzir os agentes antimicrobianos profilácticos na aquicultura. Pensa-se que os probióticos melhoram a qualidade da água, nomeadamente reduzindo o amoníaco ambiente e aumentando o oxigénio dissolvido.

Dr. A. PAULRAJ
Dr. N. MANICKAM
Dr. R. RAFI MOHAMED
Sra.   A.   ANNAKILI

RECONHECIMENTO

Os autores agradecem às autoridades do Departamento de Zoologia, Govt. Arts College Men, Krishnagiri - 635 001 (Universidade de Periyar, Salem, Tamil Nadu, Índia) pelas instalações laboratoriais necessárias e reconhecem com gratidão. Para o primeiro autor, o Dr. A. PAULRAJ, professor convidado (professor assistente, P.G. & Research Department of Zoology, Government Arts College for Men, Krishnagiri (Tamil Nadu, Índia), o segundo autor, o Dr. N. MANICKAM, Professor Assistente, Departamento de Zoologia, Sree Meenakshi Arts & Science College (Co-Ed.), Eriyur (Post) - 636 810, Pennagaram (Tk), Dharmapuri (Tamil Nadu, Índia), e Antigo Investigador Associado (DBT - Govt. of India/Department of Marine Science, Bharathidasan University, Tiruchirappalli (Tamil Nadu, Índia), no terceiro Dr. R. RAFI MOHAMED, Professor Associado e Diretor, PG & Research Department of Zoology, C. Abdul Hakeem College (Autónomo), Melvisharam, Ranipet District (Tamil Nadu, Índia) e a quarta autora, Sra. A. ANNAKILI, M. Sc., B. Ed., PG and Research Department of Zoology at Govt. Arts College for Men, Krishnagiri (Tamil Nadu, Índia), pela sua ajuda oportuna na revisão da edição e apoio na preparação deste manual.

Gostaria de exprimir a minha profunda gratidão aos membros da minha família que compreenderam verdadeiramente, me deram apoio moral e acreditaram nos meus objectivos finais de publicação de manuais. Estou extremamente grato aos meus grupos editoriais da LAP LAMBERT Academic Publishing GERMANY, pelo seu grande interesse e amável cooperação neste livro.

Dr. A. PAULRAJ

CULTURA DO CAMARÃO COM PRÁTICAS DE TROCA DE ÁGUA ZERO

(Análise microbiana do solo de camarões cultivados em tanques de água doce com práticas de troca de água zero)

A. PAULRAJ, N. MANICKAM, R. RAFI MOHAMED, A. ANNAKILI

1. INTRODUÇÃO

A palavra 'aquacultura', embora utilizada de forma bastante generalizada nas últimas três décadas para designar todas as formas de cultura de animais e plantas aquáticas em ambientes frescos, salobros e marinhos, é ainda utilizada por muitos num sentido mais restritivo. Para alguns, significa cultura aquática diferente de piscicultura ou criação de peixes, enquanto outros a entendem como cultura aquática diferente de maricultura. Por vezes, é também utilizado como sinónimo de maricultura. No entanto, o termo aquicultura é suficientemente expressivo e abrangente. Só precisa de ser esclarecido que não inclui a cultura de plantas essencialmente terrestres (como, por exemplo, em hidroponia) ou de animais basicamente terrestres. However, when it needs to be used to denote (i) the type of culture techniques or systems (e.g. pond culture, raceway culture, cage culture, pen culture, raft culture),(ii) the type of organism cultured (e.g. fish culture or fish husbandry, oyster, mussel, shrimp or seaweed culture), (iii) the environment in which the culture is done (e.(iii) o ambiente em que a cultura é efectuada (por exemplo, água doce, água salobra, água salgada ou aquicultura marinha ou maricultura) ou (iv) uma caraterística específica do ambiente utilizado para a cultura (por exemplo, aquicultura de águas frias ou de águas quentes; terras altas, terras baixas, interiores, costeiras, estuarinas), a utilização de termos restritivos seria provavelmente mais adequada. Embora a aquicultura seja geralmente considerada como fazendo parte da ciência das pescas, existe atualmente uma tendência para distinguir as duas usando o termo "pescas e aquicultura", devido a algumas das diferenças básicas no desenvolvimento e gestão.

Base cultural e socioeconómica

Até ao período neolítico, o homem dependia da caça e da recolha para a sua subsistência. A pesca desenvolveu-se como parte desta atividade básica de subsistência, mas nos tempos modernos assistiu-se a avanços tecnológicos consideráveis nos métodos de captura e utilização de produtos aquáticos. A produção de peixe proveniente do mar aumentou rapidamente com a expansão das frotas pesqueiras, o desenvolvimento de métodos de pesca eficazes e a melhoria da transformação e do transporte das capturas. Embora tenham sido descobertos novos recursos haliêuticos, os esforços intensivos de pesca começaram a ter efeitos na sua base de origem e o aumento da produção, especialmente dos produtos mais valiosos, tem vindo a diminuir constantemente. A sobrepesca e o esgotamento das unidades populacionais tornaram-se uma realidade viva e a necessidade de aumentar ou criar novas unidades populacionais através da intervenção humana começou a ser reconhecida. Ao longo dos anos, as sociedades humanas adoptaram formas de cultivo, de pastorícia e de criação de gado que deveriam estabilizar a produção e colocá-la sob maior controlo humano. Por várias razões, este tipo de evolução nas formas básicas de produção alimentar tem sido demasiado lento para ocorrer no que respeita aos recursos aquáticos vivos.

A agricultura e a pecuária desenvolveram-se provavelmente devido à necessidade de adotar meios mais produtivos para alimentar populações crescentes. No caso dos recursos haliêuticos, a necessidade de aumentar a produção foi resolvida através da descoberta de novos recursos e da adoção de métodos mais eficazes de caça e utilização. Além disso, contrariamente aos recursos agrícolas, na maior parte das situações prevaleciam direitos de acesso comuns.

Contudo, nos últimos anos, as condições alteraram-se de forma bastante drástica. Os métodos até agora amplamente adoptados para obter um aumento da produção revelam-se frequentemente contraproducentes. As restrições dos direitos de acesso, impostas pelas novas leis do mar, afectaram as indústrias da pesca de muitos países, como o Japão. A procura crescente nos mercados estrangeiros e nacionais de algumas das espécies preferidas, como o camarão, o salmão, a enguia, o robalo, o sargo e o atum, e o seu declínio ou a falta de potencial para a expansão da produção natural, criaram uma situação em que a adoção de métodos de cultura e de criação se tornou lógica e inevitável. Dado que a maior parte das formas de aquicultura, quer em terra quer no mar, pode ser praticada no âmbito da jurisdição nacional, há menos probabilidades de conflitos internacionais relacionados com os direitos e a propriedade das pescarias de cultura, exceto, eventualmente, no caso das operações de ranicultura.

Há também outros factores concomitantes que promoveram uma maior atenção à agricultura aquática. Um deles é a necessidade reconhecida em muitos países de alcançar uma maior autossuficiência na produção de alimentos e um maior equilíbrio do comércio internacional. A poupança ou a obtenção de divisas estrangeiras tornou-se também uma necessidade inevitável para o desenvolvimento económico. A aquicultura demonstrou o seu potencial para aumentar o emprego rural e melhorar a nutrição e o rendimento das populações rurais, especialmente nos países em desenvolvimento. A natureza de mão de obra intensiva de certos tipos de cultura e as oportunidades de reciclagem de resíduos e de integração com a agricultura e a pecuária fizeram com que as agências de desenvolvimento considerassem a aquicultura como particularmente apropriada para as áreas em desenvolvimento. A produção pode ser organizada de acordo com a procura do mercado, no que respeita à quantidade, tamanho preferido, cor, conservação, transformação, etc. Em muitos mercados existe uma procura especial de peixe fresco ou refrigerado e pode não ser fácil para a indústria pesqueira satisfazer adequadamente essa procura. A colheita nas explorações agrícolas pode ser regulada para satisfazer esta procura e tornar o produto disponível durante as épocas baixas, a fim de manter um abastecimento regular. A espécie pode ser cultivada até atingir o tamanho preferido pelos consumidores, quando as restrições de tamanho devem ser observadas na pesca de captura.

Base biológica e tecnológica

A lógica da aquicultura não se limita apenas às vantagens socioeconómicas e comerciais. Há também princípios científicos que pesam muito a favor da aquicultura de peixes e crustáceos. Trata-se de um meio relativamente eficiente de produção de proteínas animais, que se pode comparar muito favoravelmente com as aves de capoeira, a carne de porco e a carne de vaca em termos de economias de produção, quando são adoptadas espécies e técnicas adequadas. Os animais poiquilotérmicos (de sangue frio), especialmente os peixes, têm necessidades energéticas relativamente baixas, uma vez que não gastam qualquer energia para a manutenção de uma temperatura corporal constante e a energia gasta para a atividade locomotora de rotina é normalmente baixa. Uma vez que a gravidade específica dos seus corpos é quase a mesma que a da água que habitam, a perda de energia para se sustentarem é mínima. Estas vantagens resultam em taxas de crescimento mais elevadas e numa maior produção por unidade de área, tirando pleno partido da natureza tridimensional das massas de água. Os moluscos sésseis que se alimentam por filtração, como as ostras e os mexilhões, gastam muito pouca energia na obtenção do seu alimento. Os peixes são os mais elevados da lista comparativa em termos de ganho de peso corporal bruto e os mais elevados em termos de ganho de proteínas por unidade de alimento ingerido (Hastings e Dickie, 1972). Quando são alimentados com dietas equilibradas em condições ambientais favoráveis, o rácio de conversão alimentar (ganho de peso húmido por unidade de alimento seco ingerido) situa-se entre 1:1 e 1:1,25. O rácio de eficiência proteica (ganho de peso por unidade de proteína ingerida) é igual ou superior ao das aves de capoeira e superior ao dos suínos, ovinos e novilhos (Hastings e Dickie, 1972). Os peixes podem utilizar níveis elevados de proteínas da dieta, enquanto que nas aves de capoeira quase metade dos aminoácidos são desaminados e perdidos para a síntese proteica. Um porco ao desmame pode perder até dois terços dos aminoácidos através da desaminação. A economia absoluta de um sistema de cultura depende muito da espécie, da tecnologia de produção e das condições de mercado.

Basicamente, as espécies que se alimentam com baixo nível trófico podem, em geral, ser criadas a custos mais baixos do que as espécies que se encontram no topo da cadeia alimentar e que, por conseguinte, requerem uma maior proporção de proteínas, nomeadamente proteínas animais. No entanto, estas últimas espécies oferecem geralmente à aquicultura a possibilidade de produzir produtos de baixo ou de alto custo, cabendo ao agricultor decidir qual. No entanto, deve ser lembrado que muitos tipos de proteínas que não são consumidas pelo homem podem ser melhoradas através da aquacultura para produzir produtos altamente aceitáveis e bem estabelecidos. Muitas vezes, os produtos residuais da pesca de captura e da criação de animais e de culturas constituem a principal base dos alimentos para aquicultura. Além disso, grande parte da aquicultura atual baseia-se na fertilidade natural do solo e da água, complementada por fertilizantes orgânicos ou inorgânicos e pela energia abundante do sol. Em certas situações, a aplicação de tecnologias de aquacultura é uma necessidade inevitável e não uma questão de escolha. É o caso das espécies ou populações que foram dizimadas pela sobrepesca ou por perturbações ambientais. As técnicas de cultura devem ser utilizadas para evitar a extinção de espécies que são ecológica ou economicamente importantes para o ambiente. Os projectos de irrigação e de desenvolvimento hidroelétrico, bem como a recuperação de terras, afectaram gravemente os recursos haliêuticos em muitas zonas. Ao mesmo tempo, alguns destes projectos resultaram na criação de vastas albufeiras que exigem o desenvolvimento de novos recursos haliêuticos para compensar as perdas sofridas. O potencial de aplicação de técnicas de cultura no desenvolvimento de recursos haliêuticos foi claramente demonstrado em muitos países, como a antiga URSS (reservatórios de Volgogradskoy e Tzimljanskoye), a China (lago Taihu), a Índia (reservatórios de Damodar Valley Corporation e Mettur) e os EUA (reservatórios TVA).

Papel na gestão da pesca/aquicultura

As discussões anteriores indicaram a razão da ênfase crescente dada à aquicultura nos programas de desenvolvimento e gestão das pescas. Embora a ênfase atual pareça estar no aumento da produção de espécies de elevado valor para exportação, os seus benefícios na gestão global da pesca estão também a ser lentamente reconhecidos. A agricultura orientada para a exportação foi claramente responsável pela atração de investimentos do sector privado e pelo arranque de várias indústrias de apoio, como o fabrico de alimentos para animais e de equipamento. Devido ao seu possível papel na melhoria do comércio externo, os governos de muitos países estão agora a oferecer incentivos, incluindo apoio financeiro, ao sector da aquicultura. A indústria e as instituições científicas estão a dedicar atenção à investigação e ao desenvolvimento do manuseamento, da preservação e da apresentação dos produtos da aquicultura. Embora o número de produtos de exportação tenha aumentado e os benefícios do progresso se tenham repercutido na produção de outras espécies, a necessidade de diversificação foi reconhecida pela maioria das empresas. Como já foi demonstrado em vários casos, especialmente nos países em desenvolvimento, as indústrias de apoio recentemente criadas já trouxeram ganhos económicos e sociais globais às comunidades em causa. Mesmo agora, as indústrias de apoio recentemente criadas podem ser benéficas para outros tipos de aquacultura. Um elemento importante na gestão da pesca/aquicultura em muitos países é evitar qualquer aumento, e possivelmente até reduzir, a pressão da pesca nas zonas costeiras intensamente pescadas. A aquicultura seria provavelmente o único meio de manter os abastecimentos globais, se as restrições à pesca afectassem os desembarques. Na última década, já se registaram em vários países aumentos consideráveis da produção através da aquicultura, em condições favoráveis, e espera-se que o fosso entre a produção da pesca de captura e as necessidades seja colmatado de forma eficaz. Por conseguinte, nalguns países são envidados esforços para ajudar estes pescadores excedentários a tornarem-se aquicultores. De acordo com alguns cientistas sociais, o pescador, que é essencialmente um caçador, olha com algum desprezo para aqueles que adoptam métodos de produção baseados na terra ou na costa, desprovidos da excitação da caça em águas abertas e do prestígio que se crê que lhe está associado. No entanto, em muitas regiões do mundo há um grande número de pescadores agricultores a tempo parcial.

Origens e crescimento da aquicultura

A maioria das publicações sobre aquacultura refere a longa história da piscicultura na Ásia, no antigo Egipto e na Europa Central. O clássico da piscicultura, que se crê ter sido escrito por volta de 500 a.C. por Fan Lei, um político chinês que se tornou piscicultor, é considerado uma prova de que a piscicultura comercial existia na China no seu tempo, uma vez que ele citou os seus tanques de peixes como a fonte da sua riqueza (Ling, 1977). Escritos posteriores de Chow Mit da dinastia Sung (Kwei Sin Chak Shikin 1243 d.C.) e de Heu (A Complete Book of Agriculture em 1639 d.C.) descrevem, com algum pormenor, a recolha de juvenis de carpa nos rios e, nesta última publicação, os métodos de criação em tanques. Embora já existissem no tempo dos romanos e, mais tarde, nas casas monásticas da Idade Média, caldeiradas ou tanques de armazenagem para enguias e outros peixes, e se acredite que um baixo-relevo de peixes no Egipto, de 2500 a.C., seja de tilápias criadas num tanque, a forma mais antiga de piscicultura parece ser a da carpa comum (*Cyprinus carpio*), originária da China. Foi introduzida em vários países da Ásia e do Extremo Oriente por imigrantes chineses e na Europa durante a Idade Média para ser cultivada em tanques monásticos. A partir daí, espalhou-se por muitos países. A partir do século VI d.C., a carpa comum perdeu a sua preeminência na China. Diz-se que este facto se deveu à identidade com o nome do imperador da dinastia Tang "Lee", que é também o nome da carpa comum em chinês (Ling, 1977). Uma vez que o nome do imperador Lee era considerado sagrado, era inconcebível que o lee pudesse ser cultivado e capturado para consumo. Assim, procuraram outras espécies de carpas e foi assim que surgiu a cultura das chamadas carpas chinesas (carpa herbívora, carpa prateada, carpa cabeçuda e carpa da lama). Independentemente de se tratar de um facto ou de uma ficção, este facto e, provavelmente, também os problemas práticos de separação das larvas de diferentes espécies de carpas capturadas nos rios deram origem ao célebre sistema de policultura. Até muito recentemente, a cultura da carpa em tanques continuou a ser a base da aquicultura na China, com exceção da introdução da tilápia (*Tilapia mossambica*) do Vietname e do desenvolvimento de métodos simples de cultivo de ostras em certas zonas costeiras.

No entanto, alguns outros peixes foram adicionados às combinações de espécies, com a expetativa de aumentar a produtividade em tanques de policultura. Enquanto os imigrantes chineses foram os pontos focais para a maioria dos desenvolvimentos da piscicultura no Sudeste Asiático, os sistemas indígenas de cultura de carpas indianas parecem ter existido nas partes orientais do subcontinente indiano no século 11th AD. A piscicultura foi praticada na Indo-China durante muitos séculos e os primeiros sistemas de cultura de peixe-gato em jaulas e cercados parecem ter tido origem no Camboja, atual Kampuchea. Provavelmente começando como um meio de manter o peixe vivo antes de ser comercializado, a cultura de fluxo desde os alevins até ao tamanho de mercado com alimentação artificial desenvolveu-se com o passar do tempo. Variações deste sistema vieram a ser praticadas na Indonésia para as carpas e na Tailândia para o peixe-gato *Pangasius*. A primeira cultura em água salobra no Sudeste Asiático parece ter tido origem na Indonésia, na ilha de Java, durante o século 15th d.C. [th]Crê-se que a cultura do peixe-leite (*Chanos chanos*) e de outras espécies de água salobra em zonas costeiras (tambaks) foi originada sob a influência do domínio hindu e, no século XVIII, existiam mais de 32389 ha de tanques.

Os primeiros tambaques terão sido construídos por condenados que eram enviados para as zonas costeiras para trabalhar nas salinas e para vigiar os fogos costeiros. Como já foi referido, a história da aquicultura na Europa começa na Idade Média, com a introdução da cultura da carpa comum nos tanques monásticos. A carpa comum adquiriu um significado social e religioso, sendo o alimento escolhido para ser consumido em ocasiões especiais, por exemplo no Natal, em certas regiões. No entanto, em alguns países ocidentais, a carpa era alvo de preconceitos, nomeadamente devido à falta de aceitação das suas propriedades culinárias, e era considerada uma praga, uma vez que os seus hábitos alimentares provocavam a erosão dos solos e o enlameamento das águas, nomeadamente das águas utilizadas para a pesca desportiva. Apesar disso, a cultura da carpa continuou e floresceu em quase todos os países da Europa Oriental, tendo sido introduzida no atual Israel.

Nos últimos tempos, a policultura da carpa chinesa foi também adoptada em muitos destes países. [th]A propagação da truta, que tem uma longa história, teve origem em França e ao monge Don Pinchot, que viveu no século XIV, é atribuída a descoberta do método de impregnação artificial dos ovos de truta (Davis, 1956). Sendo um peixe desportivo e mais amplamente aceite pelas suas propriedades culinárias, a cultura da truta espalhou-se por quase todos os continentes ao longo do tempo. Embora os primeiros esforços se tenham concentrado no repovoamento de massas de água naturais para melhorar a pesca desportiva, a cultura em tanques e outras formas de cultura intensiva desenvolveram-se gradualmente para produzir peixe para o mercado. A cultura comercial de trutas em água doce em grande escala desenvolveu-se em países como a França, a Dinamarca e o Japão e, mais tarde, em Itália e na Noruega. Durante este período, a cultura do salmão do Atlântico também se tornou um êxito comercial e, com o desenvolvimento da criação em jaulas de salmão e truta nos fiordes noruegueses, a cultura de salmonídeos registou um aumento notável da produção e da atenção do público. Os britânicos introduziram a truta nas suas colónias na Ásia e em África, principalmente para desenvolver a pesca desportiva. O desenvolvimento inicial da piscicultura na América do Norte centrou-se na propagação do salmão e da truta e, em menor escala, do black bass. [th]A partir do século XVIII, foram criadas maternidades de trutas em estações governamentais, principalmente para a libertação de juvenis em águas abertas, mas com o passar do tempo o sector privado iniciou a produção comercial de peixes de consumo. Lentamente, as práticas de propagação de trutas para serem libertadas em águas abertas ou, mais recentemente, para cultivo, espalharam-se pelas zonas temperadas e semi-temperadas da América Central e do Sul. Ao traçar a história da piscicultura, há que considerar a prática bastante antiga da criação de peixes ornamentais, como o peixe dourado e a carpa Koi, pelos japoneses e chineses. A disseminação da tilápia, originária do continente africano, para vários países em todas as partes do mundo é um fenómeno notável. Embora tenha havido resistência à sua introdução em muitos países e tenha sido considerada uma praga por alguns, a sua cultura espalhou-se por todo o lado, especialmente nos países tropicais em desenvolvimento. A cultura da tilápia foi considerada por muitos como um meio fácil de produzir proteínas baratas para as massas. Nos últimos anos, a investigação e a experimentação encontraram soluções para alguns dos problemas da cultura da tilápia e a cultura a nível comercial desenvolveu-se em certas zonas. A forma mais antiga de aquicultura costeira é provavelmente a ostreicultura, e crê-se que os romanos, os gregos e os japoneses foram os primeiros ostreicultores. A ostreicultura em zonas intertidais terá sido praticada no Japão há cerca de 2000 anos. Aristóteles menciona o cultivo de ostras na Grécia e Plínio dá pormenores sobre a ostreicultura romana em 100 a.C. A cultura de outros moluscos, como os mexilhões e as amêijoas, que seguem métodos semelhantes aos da ostreicultura, parece ter-se desenvolvido muito mais tarde. De um ponto de vista histórico, o único outro sistema de cultura que merece ser mencionado é a cultura de algas em grande escala, que tem uma origem relativamente recente. O primeiro livro de texto sobre a cultura de algas parece ter sido publicado no Japão em 1952.

Situação atual da aquicultura

Para avaliar o estado atual da aquicultura, é essencial avaliar o estado da pesca de captura e as necessidades actuais de consumo das populações mundiais em crescimento. Tradicionalmente, a piscicultura em pequena escala era praticada para produzir alimentos para as comunidades rurais, em especial para as camadas mais pobres da sociedade. A análise das estatísticas da pesca de captura mostra que apenas uma parte da produção estava disponível para consumo humano, sendo a restante utilizada para fins industriais, incluindo a transformação de alimentos para animais. Por exemplo, dos 94,8 milhões de toneladas produzidas pela pesca de captura no ano 2000, apenas 70 milhões de toneladas podem ser disponibilizadas para consumo humano ao ritmo atual de utilização. Mesmo que esta quantidade possa ser aumentada através de uma melhor utilização de produtos de valor acrescentado, o total máximo de capturas utilizadas para consumo humano deverá ser apenas de cerca de 80 milhões de toneladas de produtos da pesca comestíveis necessários para satisfazer a procura da população mundial projectada à taxa de consumo atual, o que exigiria a manutenção da produção da pesca de captura a um nível melhorado e o aumento das operações de aquicultura. Como se trata de uma indústria nova e emergente, foram cometidos erros em certos empreendimentos de aquicultura comercialmente mais rentáveis, como a criação de camarões, e possivelmente também na cultura marinha em jaulas, por razões conceptuais, tecnológicas ou de gestão. Verificou-se também a falta de preparação da gestão sanitária da aquicultura para enfrentar o abate de doenças, como a síndrome do vírus da mancha branca do camarão, que atingiu os animais enfraquecidos e causou devastação, principalmente na sequência de um ambiente degradado e de massas de água naturais contíguas

Organização da Aquacultura

Tal como indicado anteriormente, a aquicultura pode ser organizada a diferentes níveis, a fim de atingir objectivos de desenvolvimento específicos. Os principais serviços de apoio, como a investigação, a formação e a extensão, são geralmente organizados pelo Estado, embora todos eles possam também ser organizados no sector privado. No entanto, quando a política nacional consiste em estabelecer a aquicultura sob a forma de operações em pequena escala como parte integrante do desenvolvimento rural, o Estado tem necessariamente de assumir a responsabilidade por estas operações ou, pelo menos, de assumir um papel de liderança e de obter a cooperação de agências não governamentais, incluindo cooperativas. Do mesmo modo, poderá ser necessário um maior envolvimento do governo na disponibilização de crédito em condições razoáveis aos pequenos produtores e na promoção da produção e distribuição de factores de produção, tais como alimentos para animais e fertilizantes, bem como equipamento agrícola. Na ausência de organizações cooperativas eficazes, pode ser necessária a assistência do governo para tomar as medidas adequadas para comercializar os produtos no país e para exportar para mercados estrangeiros. Por outro lado, as empresas de grande dimensão podem, idealmente, ser organizadas numa base verticalmente integrada.

A incubação e a produção de sementes, o cultivo, o fabrico de alimentos para animais, a transformação e a comercialização dos produtos podem ser integrados numa única unidade, se os recursos naturais necessários, como a terra, a água e a energia, estiverem disponíveis em quantidades adequadas. As restrições relacionadas com a propriedade da terra ou a utilização da costa ou das águas interiores afectariam naturalmente a dimensão das explorações agrícolas e, por conseguinte, as possibilidades de tais empresas integradas, em conformidade com os requisitos mínimos de dimensão económica. Existe, evidentemente, a possibilidade de os proprietários de muitas pequenas áreas combinarem os seus recursos para estabelecer e explorar uma grande empresa numa base de cooperação. Também é possível organizar a produção em muitas pequenas explorações, com uma agência central de gestão ou coordenação que forneça o financiamento necessário, a assistência técnica, os factores de produção essenciais e os serviços de comercialização. Apesar do grande número de pequenas unidades de produção, a empresa poderia então funcionar com eficiência económica e uma gestão global eficaz.

Aquicultura para o desenvolvimento rural

Independentemente dos benefícios económicos ou outros das operações de aquicultura em grande escala, é dada maior ênfase à aquicultura em pequena escala nos países em desenvolvimento. Isto deve-se, em grande parte, às oportunidades de emprego a tempo parcial e a tempo inteiro que oferece e que ajudam a manter os camponeses e os pescadores nas zonas rurais, reduzindo a deslocação das populações para os centros urbanos.

Aquacultura para benefício social

Quer um projeto se destine a satisfazer total ou parcialmente as necessidades socioeconómicas de uma comunidade, é necessário concebê-lo cuidadosamente para obter os resultados esperados. Partindo do princípio de que o potencial de desenvolvimento da aquicultura na zona está estabelecido, deve ser dada prioridade ao estudo da comunidade. Este deve ter como objetivo identificar as necessidades básicas a satisfazer e as que podem ser satisfeitas através de um programa de aquacultura. Por exemplo, se for necessário um aumento do rendimento familiar para poder pagar as necessidades especificadas, o projeto deve ser concebido para produzir pelo menos esse rendimento mínimo necessário. O conhecimento do nível de desenvolvimento das infra-estruturas humanas, económicas e sociais, e do contexto cultural e político em que o programa deve ser implementado, é necessário para uma conceção adequada do projeto. A tecnologia ou o sistema de cultivo a adotar terá de ser cuidadosamente selecionado, não só devido às condições agro-climáticas e hidrológicas da zona, mas também às competências e formação da população-alvo e ao seu sistema sócio-cultural. Dado que, muitas vezes, não é viável que as pessoas envolvidas na conceção do projeto vivam tempo suficiente entre a comunidade-alvo para aprenderem tudo o que é necessário aprender, deve ser prevista uma flexibilidade adequada. Deve ser possível fazer as alterações necessárias ao projeto mais tarde, com base nos testes no terreno e nos resultados das actividades da fase inicial

Seleção de espécies para cultura

Jhingran e Gopalakrishnan (1974) incluem cerca de 465 espécies, pertencentes a 28 famílias de plantas e 107 famílias de animais, num catálogo de organismos aquáticos cultivados. Uma listagem mais recente da FAO (Garibaldi, 1996) e as suas estatísticas de produção anual indicam que existem cerca de 300 espécies aquáticas cultivadas.

Características biológicas das espécies de aquicultura

Uma das principais características que determina a aptidão de uma espécie para a aquicultura é a taxa de crescimento e produção em condições de cultura. Embora certas espécies de baixo crescimento possam ser candidatas à cultura devido ao seu valor de mercado, é muitas vezes difícil tornar a sua cultura económica. No entanto, acontecimentos recentes mostraram pelo menos um exemplo claro de uma espécie de camarão de água doce de crescimento lento e de pequenas dimensões (86 mm de tamanho máximo), nomeadamente *Macrobrachium nipponense*, que foi recrutada para a cultura na China, onde a procura dos consumidores e a sua adaptação às condições ambientais locais levaram a que a sua produção atingisse 15

000 toneladas em 1998 (Wang e Qianhong, 1999). É também interessante notar que o camarão local, muito mais pequeno, é suscetível de substituir o *Macrobrachium rosenbergii* introduzido, que tem problemas de adaptação às temperaturas de inverno na China, bem como de deterioração genética devido à reprodução (New e Valenti, 2000). As taxas de crescimento de muitas espécies podem ser melhoradas com água aquecida, mas o cultivo comercial com estes métodos ainda não foi muito bem sucedido.

Em princípio, uma taxa de crescimento mais rápida, como a obtida em muitas espécies tropicais, permite-lhes atingir o tamanho comercializável num período mais curto, possibilitando colheitas mais frequentes. O tamanho e a idade da primeira maturidade são também um fator importante a ter em conta, pois será preferível que atinjam o tamanho comercializável antes de atingirem a primeira maturidade, de modo a que a maior parte da alimentação e da energia sejam utilizadas para o crescimento somático. A maturidade precoce garantiria uma disponibilidade mais fácil de reprodutores para as operações de incubação, mas a maturidade precoce antes de a espécie atingir o tamanho comercial também será uma grande desvantagem, como no caso das espécies de tilápia. É certamente preferível cultivar uma espécie que possa ser facilmente reproduzida em condições de cativeiro. Isto permite a produção de sementes em quantidades adequadas nas maternidades. Se se tratar de uma espécie que amadurece mais do que uma vez por ano, deverá ser possível ter várias colheitas de sementes e possíveis adultos, se outras condições forem adequadas. Uma fecundidade elevada pode ser uma vantagem, assim como a frequência de desova; no entanto, ovos e larvas de pequenas dimensões tornam as operações de incubação mais difíceis. Um período de incubação e um ciclo larvar mais curtos contribuem frequentemente para uma menor mortalidade das larvas e uma maior sobrevivência nas maternidades.

As larvas que aceitam alimentos artificiais são mais fáceis de criar em maternidades. A criação de alimentos vivos é comparativamente mais difícil e muitas vezes dispendiosa. Nos casos em que as técnicas de reprodução controlada não foram aperfeiçoadas, os aquacultores podem ter de depender das sementes disponíveis na natureza. Mas, como já se verificou em muitas situações, estas revelam-se uma fonte pouco fiável para a criação em grande escala, uma vez que a sua abundância na natureza depende de vários factores imprevisíveis.

Por outro lado, a recolha em grande escala de ovas e alevins selvagens deu origem a conflitos com os pescadores comerciais, que atribuem o declínio das capturas das espécies em causa à remoção das fases iniciais, apesar da falta de provas científicas. Assim, mesmo do ponto de vista das relações públicas e da biodiversidade, é preferível selecionar espécies que possam ser propagadas em maternidades e iniciar a produção em maternidades o mais cedo possível. Na aquicultura moderna, a alimentação é um dos principais elementos do custo de produção, podendo atingir 50% ou mais. Na maioria das práticas tradicionais de aquacultura, as espécies herbívoras ou omnívoras têm sido preferidas, uma vez que se alimentam de organismos naturais presentes na água, cujo crescimento pode ser melhorado através da fertilização e da gestão da água. Nestes casos, o custo da alimentação é relativamente baixo e, por isso, as espécies que se encontram no nível mais baixo da cadeia alimentar são preferíveis para produzir produtos de baixo preço.

Contudo, mesmo com estas espécies, a alimentação suplementar com alimentos artificiais tem de ser adoptada em sistemas de cultura intensiva. A eficiência alimentar em relação ao crescimento e à produtividade torna-se então um critério importante. Alguns dos animais de baixo nível trófico podem também ser altamente selectivos nos seus hábitos alimentares, como é o caso dos peixes filtradores que necessitam de plâncton de um determinado tamanho e forma. A necessidade de fazer crescer as espécies até ao tamanho de mercado numa estação ou período limitados torna frequentemente necessário recorrer à alimentação artificial. Além disso, com uma melhor eficiência de conversão alimentar, manipulável através da redução de N e P na alimentação artificial, pode conseguir-se uma redução da carga de nutrientes, conduzindo assim a sistemas de cultura mais ecológicos e sustentáveis, como demonstrado, por exemplo, no salmão (Cripps e Bergheim, 2000) e na carpa (Jahan *etal.*, 2001). As espécies carnívoras necessitam geralmente de uma dieta rica em proteínas, pelo que a sua produção é considerada mais dispendiosa, embora os custos dependam em grande medida da disponibilidade local e do preço dos alimentos necessários. Para compensar os custos de alimentação, a maior parte das espécies carnívoras têm preços de mercado mais elevados. Estas espécies têm geralmente maiores mercados de exportação e atraem investimentos substanciais. As espécies que são resistentes e podem tolerar condições desfavoráveis terão a vantagem de sobreviver melhor em condições ambientais relativamente más que podem ocorrer ocasionalmente em situações de cultura. A temperatura e a concentração de oxigénio podem flutuar em lagos e outros recintos e a deterioração da qualidade da água pode inevitavelmente ocorrer.

Nessas situações, as espécies mais resistentes são obviamente as que se saem melhor. Para além dos possíveis efeitos da má qualidade da água nas espécies candidatas, é também necessário considerar a influência das espécies no ambiente. A erosão do solo, que pode ser causada pelos hábitos alimentares da carpa, foi referida como uma espécie que escapa facilmente para as massas de água naturais e perturba a sua ecologia, necessitando de medidas de proteção especiais, o que implica custos mais elevados e preocupações ambientais. Nas culturas intensivas e semi-intensivas, as populações densas são confinadas num espaço limitado. Nestes casos, os padrões de comportamento das espécies em confinamento revestem-se de especial importância. O aumento da transmissão de doenças, o canibalismo nas fases iniciais e a acumulação de resíduos estão relacionados com a sobrelotação. As espécies que apresentam uma melhor resistência a estas condições desfavoráveis são melhores candidatas à cultura.

Espécies exóticas

As considerações económicas e de mercado que criam interesse na introdução de espécies exóticas também foram mencionadas na secção anterior. Tendo em conta as áreas geográficas naturais de distribuição de espécies comprovadas, existe um forte argumento a favor da introdução e transplantação de espécies exóticas sempre que necessário. No entanto, o problema é muitas vezes como decidir se é necessário e, em caso afirmativo, que procedimentos e precauções devem ser tomados para evitar possíveis consequências indesejáveis. A história revela que, no passado, foram feitas várias introduções e transplantações indiscriminadas para estabelecer pescarias desportivas e comerciais, para fins ornamentais e para controlo biológico. Algumas delas tiveram efeitos prejudiciais para a fauna local e contribuíram para a propagação de doenças transmissíveis. É indiscutível a necessidade de evitar tais consequências, seguindo procedimentos adequados e regulamentos nacionais eficazes. No entanto, a expansão da aquicultura pode ter grande dificuldade em evitar a introdução ou o transplante de espécies ou de estirpes seleccionadas de espécies locais, para fins de experimentação ou de produção comercial. Munro (1986) enumera algumas das espécies aquícolas que já foram colonizadas fora da sua área de distribuição histórica: espécies de tilápia, ciprinídeos (carpa comum, carpa chinesa), truta arco-íris, peixe-gato ambulante, ostras japonesas e europeias e lagostins de água doce (*Pacifastacus* sp.). A maior parte destas espécies foi introduzida por razões válidas, mas é muito duvidoso que alguma destas ou de outras introduções bem sucedidas tenha sido precedida de processos de seleção pormenorizados.

A isto juntam-se as introduções mais recentes de vários camarões peneídeos (especialmente *Penaeus monodon* e *P. (= Litopenaeus vannamei*) e do camarão gigante de água doce (*M. rosenbergii*), com resultados comprovados em vários países tropicais e semi-tropicais. O salmão do Atlântico, uma espécie exótica, estabeleceu-se tão bem em cultura em jaulas no Chile que a produção cultivada da espécie em 2001 (501 000 toneladas) excede a da Noruega. Turner (1949) sugeriu critérios a ter em conta na introdução de novas espécies. A espécie deve: (a) preencher uma necessidade, devido à ausência de uma espécie desejável semelhante na localidade de transplante; (b) não competir com espécies nativas valiosas ao ponto de contribuir para o seu declínio; (c) não cruzar com espécies nativas e produzir híbridos indesejáveis; (d) não ser acompanhada por pragas, parasitas ou doenças que possam atacar espécies nativas; e (e) viver e reproduzir-se em equilíbrio com o seu novo ambiente.

A lógica de base destes critérios continua a ser válida e organizações como a American Fisheries Society (American Fisheries Society, 1973) e o Conselho Internacional para a Exploração do Mar tentaram reforçar os argumentos a favor de uma avaliação crítica e propor métodos de obtenção de dados de base para prever as consequências da introdução. A análise dos fundamentos das introduções e das vantagens e desvantagens das espécies candidatas deve ser seguida de uma avaliação preliminar dos impactos antes de ser tomada a decisão de introduzir as espécies para ensaio. Se for decidido prosseguir, devem ser efectuados estudos experimentais exaustivos e os resultados devem ser avaliados de forma crítica para tomar a decisão final sobre a introdução geral ou a transplantação. Embora os esforços para controlar as introduções tenham começado há várias décadas, as directrizes propostas por organizações regionais e inter-regionais não conseguiram a aplicação geral destas medidas por várias razões. As devastações causadas pela propagação da síndrome da doença ulcerosa epizoótica (SUE) entre os peixes ósseos na Ásia e do vírus da síndrome da mancha branca (VSMB) entre os camarões nos países produtores de camarão indicam a necessidade de códigos e orientações viáveis para o controlo da propagação transfronteiriça de doenças. A natureza rigorosa das medidas propostas e a falta de apoio legislativo são consideradas as principais razões para a falta de aceitação geral das directrizes propostas.

Para serem eficazes, as orientações devem ser flexíveis e seguidas não só a nível nacional, mas também a nível regional e inter-regional, e abranger a introdução e a transferência de todo o comércio de animais vivos, que está a aumentar com os avanços no transporte dentro e entre países. Por este motivo, a Comissão das Doenças dos Peixes do Gabinete Internacional de Epizootias (OIE) elaborou recomendações e protocolos para evitar a propagação internacional de doenças dos animais aquáticos no âmbito do seu Código Sanitário Internacional para os Animais Aquáticos. Estas recomendações abrangem a vigilância sanitária dos animais domésticos e dos animais comercializados internacionalmente. As directrizes fornecidas destinam-se a reduzir os riscos associados à introdução e transferência de espécies. O estado sanitário dos animais aquáticos é avaliado no que respeita à transferência de agentes patogénicos devido ao certificado sanitário e às medidas de quarentena. Considera-se que a introdução e a transferência de animais aquáticos implicam um certo grau de risco, pelo que as medidas de gestão sanitária devem ter por objetivo ser práticas e rentáveis e poder ser aplicadas no âmbito da estrutura administrativa disponível. Devem ser elaboradas quarentenas para impedir a transferência de agentes de doenças juntamente com os movimentos de animais aquáticos vivos nos pontos de exportação e importação. Deve ser criada nos países exportadores e importadores a capacidade de supervisionar e aplicar medidas regulamentares.

Devem estar disponíveis instalações de quarentena para aquáticos vivos em todos os pontos de importação e exportação. Os regulamentos devem definir a responsabilidade, que deve ser claramente atribuída a uma autoridade competente para a certificação sanitária após inspecções adequadas. A principal tarefa de gestão sanitária consiste em definir as zonas de ocorrência de doenças específicas após uma certificação adequada e uma ação de quarentena. Para que as directrizes sejam eficazes e a regulamentação seja credível, é essencial que as autoridades competentes do governo nacional e do comércio estejam de acordo e estejam dispostas a aplicá-las

Saúde e Doenças em Aquacultura

As doenças das espécies aquícolas causadas por parasitas e agentes patogénicos infecciosos têm atraído a atenção de veterinários e biólogos de peixes desde os primeiros dias da investigação em aquacultura. Foram também sugeridas várias medidas profilácticas e curativas, embora muitas das substâncias químicas não tenham sido autorizadas para utilização em alguns países. Com o aumento dos investimentos em aquacultura e uma análise mais aprofundada dos factores que contribuem para os riscos enfrentados por um aquacultor, o conceito de medidas integradas de proteção da saúde desenvolveu-se nos últimos anos. Do mesmo modo, a experiência da piscicultura nos trópicos pôs em evidência os aspectos de saúde pública do desenvolvimento das explorações piscícolas e o possível papel da aquicultura na propagação de doenças humanas transmissíveis. A introdução e o transplante extensivos de espécies aquícolas que se verificam atualmente demonstraram claramente a necessidade de cooperação regional e internacional no controlo da propagação de doenças transmissíveis e na aplicação de medidas mutuamente aceitáveis para esse efeito.

Assim, a saúde dos peixes e o controlo das doenças são agora vistos de diferentes ângulos, que incluem a proteção ambiental e o controlo da poluição, a saúde humana e a epidemiologia, a seleção do local e as tecnologias de cultura, a monitorização e o saneamento das instalações de aquacultura, o diagnóstico e o tratamento das doenças das espécies cultivadas, a prevenção de doenças nutricionais, a prevenção de epidemias de mortalidade nas instalações de cultura, a formulação e a implementação de medidas regulamentares para controlar a propagação nacional e internacional das doenças transmissíveis, o desenvolvimento de estirpes resistentes às doenças através da seleção genética e da hibridação e a imunização individual e em massa das espécies cultivadas. É indubitável que a investigação, o desenvolvimento e as medidas regulamentares necessárias para um programa integrado de gestão da saúde na aquicultura envolvem conhecimentos especializados, organização e despesas consideráveis. Tanto o Estado como o sector da aquicultura terão de partilhar a responsabilidade pela implementação bem sucedida de um tal programa. Sendo provavelmente o fator de risco mais importante numa empresa aquícola, esse programa terá uma relevância direta para o desenvolvimento de um sistema de seguro de riscos destinado a proteger o agricultor de perdas inevitáveis. Embora a necessidade destas medidas seja facilmente reconhecida, a baixa magnitude do sector atualmente e as incertezas sobre a medida em que se pode desenvolver e contribuir para as economias nacionais impediram a sua realização na maioria dos países. No entanto, existe atualmente um maior reconhecimento da sua importância entre os aquicultores.

Por exemplo, na Ásia, os problemas de doenças eram apenas de importância secundária quando a agricultura extensiva era a prática mais comum. Com a adoção de sistemas semi-intensivos e intensivos, a ocorrência de várias formas de doenças e a consequente mortalidade aumentaram significativamente. Do mesmo modo, a melhoria dos conhecimentos e das instalações de diagnóstico de doenças levou à identificação de vários agentes patogénicos e condições de doença anteriormente desconhecidos. Consequentemente, estão agora a ser feitos maiores esforços para diagnosticar e controlar as doenças na região. Uma vez que a transferência da infeção pode ocorrer sem a manifestação de sintomas de doença, as infecções podem muitas vezes ser difíceis de identificar e podem passar despercebidas de indivíduo para indivíduo ou mesmo de geração para geração. Até que a população passe por condições particularmente stressantes, que exacerbam os sintomas da doença, pode não se suspeitar de qualquer infeção. O problema dos estados de portador nas espécies aquícolas continua a ser um dos mais cruciais para os aquacultores. Quando se verifica um surto de doença, o padrão de perdas, a dimensão dos hospedeiros afectados e a duração da epizootia fornecem informações valiosas. As mortalidades súbitas e explosivas implicam frequentemente problemas ambientais agudos, como a deficiência de oxigénio, a presença de concentrações letais de substâncias tóxicas ou níveis letais de temperatura. O aparecimento de alguns indivíduos doentes, um comportamento invulgar ou a perda de apetite podem indicar o início de uma doença infecciosa. Uma doença deve-se geralmente à incapacidade do hospedeiro de se adaptar adequadamente ao stress ambiental e à consequente dominância do agente patogénico, pelo que o aquicultor deve agir rapidamente quando se verificam perdas nos padrões típicos. O equilíbrio entre o hospedeiro e o agente patogénico deve ser restabelecido através da resolução dos problemas ambientais e de um tratamento terapêutico eficaz.

A ação atempada é a essência do sucesso no controlo das epidemias de mortalidade em aquacultura, mas é necessária uma habilidade considerável para corrigir as condições ambientais adversas a tempo de evitar perdas importantes. O tipo de prática aquícola adoptada tem um papel decisivo na suscetibilidade das espécies cultivadas. Tal como indicado anteriormente, uma elevada densidade de unidades populacionais e a utilização de espaços restritos, como jaulas, tanques e pistas, conduzem a um contacto mais estreito entre os indivíduos, bem como a um stress ambiental. Densidades populacionais mais elevadas implicam também a utilização de maiores quantidades de alimentos concentrados e/ou fertilizantes. Isto conduz a um crescimento mais denso do plâncton e do bentos, que pode incluir hospedeiros intermédios de agentes de doenças. Os riscos ambientais e de doença relacionados com a carga excessiva de estrume orgânico nos tanques e recintos são muito consideráveis. A utilização de efluentes de águas aquecidas das indústrias e de efluentes de esgotos também tem riscos inerentes; assim, um aquacultor deve estar preparado para uma ação rápida e eficaz, quando se desenvolve uma situação adversa. Enquanto algumas das práticas de aquacultura são conducentes a doenças, há outras que são eficazes no seu controlo. Por exemplo, a prática de secagem regular dos tanques de peixes e a aplicação de cal no fundo do tanque ajuda a matar os parasitas e muitos outros agentes de doenças infecciosas.

As doenças dos animais aquáticos transfronteiriços que se seguiram tiveram uma influência devastadora na aquicultura, especialmente na região da Ásia-Pacífico. As perdas sofridas pelo sector levaram ao encerramento de muitas explorações. Uma estimativa global das perdas efectuada pelo Banco Mundial em 1997 foi da ordem dos 3 mil milhões de dólares americanos por ano para a Síndrome Ulcerativa Epizoótica (SUE). Inicialmente notificada no Japão como granulomatose micótica (MG) em ayu de água doce, a EUS ocorre agora, embora não numa forma virulenta, em muitos países asiáticos, afectando mais de 100 espécies de peixes selvagens e cultivados em água doce e, em certa medida, em águas salobras. O agente causal foi confirmado como um fungo *Aphanomyces*. Vírus da síndroma da mancha branca (WSSV), notificado pela primeira vez na província chinesa de Taiwan, foi detectado no Japão em 1993 e mais tarde em quase todos os países produtores de camarão na Ásia e nas Américas. Foi oficialmente confirmado em pelo menos nove desses países. Em 1997, as perdas foram da ordem dos 600 000 dólares só na Tailândia. A necrose nervosa viral (NNV) provoca uma mortalidade grave nas garoupas cultivadas na região Ásia-Pacífico.

Esta doença foi comunicada pela primeira vez no Japão e, desde então, tem sido comunicada na Indonésia, Coreia, Singapura e Tailândia. A expansão da aquicultura da garoupa aumenta o risco de introdução do agente patogénico em novas localidades e ambientes. *A Neobenedenia girellae*, um dos parasitas mais comuns da garoupa e de outros peixes marinhos, foi introduzida no Japão juntamente com os amber-jacks da China e de Hong Kong. Os riscos ambientais e de doença relacionados com a sobrecarga dos tanques e recintos com estrume orgânico são muito consideráveis. A utilização de efluentes de águas aquecidas das indústrias e de efluentes de esgotos também tem riscos inerentes; assim, um aquacultor deve estar preparado para uma ação rápida e eficaz, quando se desenvolve uma situação adversa. Enquanto algumas práticas de aquacultura são propícias a doenças, há outras que são eficazes no seu controlo. Por exemplo, a prática de secagem regular dos tanques de peixes e a aplicação de cal no fundo do tanque ajuda a matar os parasitas e muitos outros agentes de doenças infecciosas.

A relação entre o hospedeiro e o agente patogénico passa geralmente por várias fases de desenvolvimento. O período de incubação é quando o agente patogénico se multiplica mas o hospedeiro ainda não apresenta sinais clínicos de doença. O período de incubação pode variar entre um dia ou dois, no caso de agentes patogénicos virulentos, e períodos prolongados de vários meses. Após este período assintomático, os sinais específicos e inespecíficos da doença tornam-se evidentes. A morte ou a sobrevivência do hospedeiro depende da sua capacidade de resistir à infeção. Durante uma epidemia, alguns dos animais infectados podem não apresentar quaisquer sinais clínicos e tornarem-se portadores, capazes de transmitir o agente da doença ou de iniciar uma futura epizootia. Os animais que recuperam de uma doença podem estar completamente livres do agente da doença ou continuar a ser portadores sintomáticos. Em muitos casos, uma situação de doença pode envolver mais do que um agente patogénico ou a infeção por um agente primário pode criar condições adequadas para o acesso de um agente secundário. As infecções bacterianas seguem frequentemente o estabelecimento de um parasita ou de um vírus. Não é raro encontrar uma grande variedade de doenças e problemas parasitários que ocorrem simultaneamente.

Ambiente

O ambiente desempenha um papel crucial na perturbação do equilíbrio entre o hospedeiro e o agente patogénico. Em muitas situações, os animais de cultura vivem uma vida normal e saudável na presença de agentes patogénicos; mas quando ocorrem tensões ambientais e o equilíbrio pende a favor da doença, o agente patogénico leva a melhor e surgem condições de doença. Uma vez que os parâmetros ambientais primários necessários teriam sido adequadamente considerados na seleção do local e das espécies, o fator de stress relevante seria normalmente as perturbações ambientais que alargam as respostas adaptativas do animal para além da gama normal ou que afectam o funcionamento normal de tal forma que as hipóteses de sobrevivência são significativamente reduzidas. As perturbações morfológicas, bioquímicas e fisiológicas ocorrem em diferentes estádios e são caracterizadas por uma variedade de condições metabólicas, como a anóxia, o susto, o esforço forçado, a estetização, as alterações de temperatura e as lesões. Embora o efeito do stress seja a alteração da bioquímica do hospedeiro de modo a aumentar a probabilidade de sobrevivência do hospedeiro, algumas das alterações metabólicas resultantes contribuem também para o aumento da suscetibilidade à infeção. Entre os factores físicos, a temperatura é um dos que influencia diversas outras variáveis do ambiente. As temperaturas superiores ou inferiores aos limites de tolerância do animal hospedeiro criam stress.

O aumento da taxa metabólica causado pela temperatura elevada resulta numa maior necessidade de oxigénio. No entanto, a solubilidade dos gases dissolvidos, incluindo o oxigénio, diminui geralmente com o aumento da temperatura. Além disso, a solubilidade dos compostos tóxicos aumenta com o aumento da temperatura, criando condições desfavoráveis. Para além do efeito ambiental no hospedeiro, o efeito da temperatura no agente patogénico é também um fator importante a considerar. Por exemplo, o aumento da temperatura acelera geralmente, até um certo limite, todos os processos biológicos do agente causador, diminuindo a sua viabilidade e, por vezes, causando a sua morte. Do mesmo modo, a redução da temperatura diminui os processos biológicos para um determinado mínimo abaixo do qual o organismo pode não sobreviver. Os organismos patogénicos do mesmo género no mesmo hospedeiro podem reagir de forma diferente a uma mudança de temperatura.

Tratamento de doenças

A erradicação da doença exige um programa que remova os animais infectados, evite a reinfeção, reduza o stress e mantenha condições óptimas. A quimioterapia ou a utilização de terapêuticos geralmente só dá uma vantagem temporária sobre os agentes patogénicos. Se as condições não forem melhoradas, a doença pode reaparecer quando o animal se torna suscetível à infeção.

Saneamento

A manutenção das condições sanitárias numa instalação de aquacultura é da maior importância para evitar o aparecimento de doenças. Este aspeto está obviamente muito ligado a boas práticas de cultura e, por vezes, torna-se difícil separar as duas coisas. A monitorização do abastecimento de água é um meio eficaz e essencial de controlo das doenças. A desinfeção efectiva dos abastecimentos é muitas vezes bastante dispendiosa e, em geral, só é possível nas maternidades. São recomendados três métodos aceitáveis de desinfeção: ozonização, radiação ultravioleta e cloração. Quando uma instalação é afetada por doenças infecciosas e foi aplicado o tratamento necessário ou os animais foram destruídos por a doença ser incurável, a desinfeção da instalação e a manutenção das condições sanitárias numa base contínua são especialmente importantes. O principal objetivo de um programa de saneamento é evitar a propagação de agentes patogénicos das espécies cultivadas. A desinfeção dos ovos procura evitar a transmissão de agentes patogénicos dos progenitores para a descendência e a transferência da incubadora para as áreas de criação. As medidas sanitárias podem ajudar a confinar os agentes patogénicos de uma unidade populacional infetada a uma parte da exploração e impedir que a infeção se propague a outras partes.

Imunização

Uma técnica relativamente nova de prevenção de doenças em peixes é a imunização com vacinas. Atualmente estão disponíveis vacinas licenciadas contra um número crescente de doenças. Embora não dêem uma proteção absoluta contra as infecções, ajudam a combatê-las, especialmente quando as doenças específicas causam problemas repetidos. A proteção contra uma doença é procurada através do desenvolvimento de resistência específica no organismo cultivado ao agente causal. O mecanismo de produção de anticorpos é um elemento crucial para essa resistência adquirida. Um anticorpo é uma imunoglobulina específica (proteína modificada) que é produzida em resposta a um antigénio e reage especificamente com ele. Um antigénio é qualquer substância estranha que pode estimular a formação de anticorpos e reagir com os anticorpos produzidos, em condições adequadas. As vacinas ou bacterinas contêm antigénios que são geralmente agentes de doença atenuados ou mortos. Quando administrados a um hospedeiro, estimulam a produção de anticorpos específicos ou a resistência inespecífica a esse agente patogénico

Controlo de infestantes, pragas e predadores (Problemas com infestantes em explorações aquícolas)

A infestação de ervas daninhas nas explorações aquícolas é um problema de intensidade variável em quase todos os sistemas de aquicultura em todo o mundo. Mas assume proporções muito severas nas explorações de lagoas tropicais e semi-tropicais, especialmente nas lagoas "não drenáveis", como as que são utilizadas no Sul da Ásia. O crescimento limitado de plantas aquáticas pode ser útil para manter a qualidade da água e pode servir de abrigo e substrato para organismos alimentares nos tanques, mas o crescimento profuso e descontrolado afecta as operações de aquacultura de várias formas. Para além de restringir os movimentos dos peixes e de outras espécies aquícolas, o crescimento denso da vegetação, em especial das plantas flutuantes, impede a penetração adequada da luz na água, afectando assim a sua produtividade. A fotossíntese e a produção de oxigénio serão reduzidas quando as superfícies dos tanques estiverem cobertas de vegetação, o que pode causar uma diminuição do oxigénio e, consequentemente, a anoxia das espécies cultivadas. Quantidades consideráveis de nutrientes provenientes da água e dos nutrientes introduzidos nos tanques através da fertilização serão consumidos pela areia das ervas daninhas e, consequentemente, o crescimento dos organismos alimentares será reduzido, resultando em baixos rendimentos das espécies cultivadas. A proliferação de algas nos tanques e recintos conduz, muitas vezes, a um esgotamento do oxigénio em consequência da massa de algas mortas e em decomposição. Nestas condições, pode ocorrer uma mortalidade maciça dos peixes. O crescimento denso de ervas daninhas aquáticas torna a pesca com redes extremamente difícil nos tanques.

Os lagos estagnados infestados de ervas daninhas proporcionam condições favoráveis à reprodução de mosquitos, tornando-se assim um perigo para a saúde pública. Na cultura em jaulas, tanto em água doce como em água do mar, o crescimento espesso de algas nas jaulas de rede reduz a troca de água, afectando assim a qualidade da água dentro das jaulas. O controlo do crescimento de ervas daninhas não é tão difícil nas pequenas explorações, quando a mão de obra não é demasiado cara. Para além das condições geográficas e climáticas, a topografia, a profundidade da água, a extensão dos sedimentos do fundo, a clareza e a fertilidade da água, o acesso às fontes de infestação e a ocorrência de inundações são alguns dos factores importantes. As explorações aquícolas que não podem ser drenadas e secas regularmente, e onde existem depósitos espessos de lodo no fundo, são mais susceptíveis de ter problemas recorrentes com ervas daninhas. A proliferação persistente de certas algas tem sido atribuída à sua capacidade de armazenar nutrientes para utilização quando estes não estão disponíveis ou de produzir e libertar certos metabolitos que contribuem para a exclusão de outras algas.

O bolo de sementes de chá ou saponina é amplamente utilizado em tanques de peixes e camarões nos países asiáticos para controlar pragas e predadores. A torta de sementes de chá é o resíduo das sementes de *Camellia drupisera* após a extração do óleo e contém geralmente 10-15% de saponina. Recomenda-se a aplicação de uma dose de 216 kg de bagaço de sementes de chá juntamente com 144 kg de cal viva por hectare numa solução aquosa no fundo dos lagos, após redução do nível da água. É eficaz para matar ervas daninhas e peixes predadores, bem como caracóis e caranguejos. O pó de tabaco, cujo componente ativo é a nicotina, também pode ser utilizado como tóxico para os peixes para erradicar espécies indesejáveis. A rotenona é outro produto vegetal amplamente utilizado como tóxico para limpar as águas da aquacultura. Pode ser utilizada sob a forma de pó de derris, que contém 4-8% do ingrediente ativo rotenona (C H O$_{23226}$). Foram recomendadas diferentes dosagens. Quando aplicado a níveis de 0,5 ppm, a toxicidade desaparece em cerca de 48 horas. Lunzand Bearden (1963) verificou que a concentração de 1,5 ppm de rotenona é eficaz no controlo de peixes indesejáveis em viveiros de camarões. Alikunhi (1957) relatou o uso seguro de concentrações de até 20ppm, e sob temperaturas tropicais a toxicidade continua de 8 a 12 dias. As raízes frescas de derris são mais eficazes do que as raízes secas ou o seu pó, devido ao maior teor de rotenona. As raízes devem ser cortadas em pequenos pedaços e embebidas em água durante a noite. As raízes embebidas são esmagadas e as raízes esmagadas são recolocadas na água em que foram embebidas e espremidas para extrair o máximo possível de rotenona. O extrato é aplicado no tanque à razão de 4g de raízes por m^3 de água. Muitos tóxicos químicos para peixes, particularmente Endrin, Dieldrin e Aldrin, têm sido usados para limpar as explorações de aquacultura de predadores e pragas. Pillai (1972) resumiu o uso de DDT, 2, 4-D e cianeto de sódio na erradicação de predadores e pragas. A concentração letal de DDT é de 0,03 g/l e a de 2,4-D de 0,13 ml/l de água. Será necessário lavar repetidamente o tanque após o tratamento para eliminar os efeitos tóxicos. No caso do cianeto de sódio, a concentração letal é de 1 ppm e os efeitos tóxicos desaparecem em condições de lago após cerca de 96 horas.

O pentaclorofenato de sódio (PCP-Na) é recomendado para utilização em viveiros de camarões para matar peixes predadores e infestantes, uma vez que a concentração letal de 0,5 ppm do produto químico para os peixes é inferior à dos camarões. O pentaclorofenato de sódio decompõe-se quando exposto à luz solar direta e a toxicidade é reduzida em 90 por cento após cerca de três horas. Como em todos os outros tratamentos químicos, o nível da água na exploração deve ser reduzido o mais possível antes do tratamento. A solução aquosa dos herbicidas deve ser distribuída uniformemente e, logo que os peixes sejam mortos, deve deixar-se entrar água fresca para diluir a sua concentração. A produção mundial de peixe 1 atingiu um pico de cerca de 171 milhões de toneladas em 2016, com a aquicultura a representar 47% do total e 53% se forem excluídas as utilizações não alimentares (incluindo a redução para farinha de peixe e óleo de peixe). O valor total da primeira venda da produção da pesca e da aquicultura em 2016 foi estimado em 362 mil milhões de dólares, dos quais 232 mil milhões de dólares correspondiam à produção aquícola. Com a produção da pesca de captura relativamente estática desde o final da década de 1980, a aquicultura tem sido responsável pelo crescimento impressionante e contínuo da oferta de peixe para consumo humano (Quadro 1). Entre 1961 e 2016, o aumento médio anual do consumo global de peixe (3,2%) ultrapassou o crescimento da população (1,6%) e excedeu o da carne de todos os animais terrestres combinados (2,8%). Em termos per capita, o consumo alimentar de peixe cresceu de 9,0 kg em 1961 para 20,2 kg em 2017, a uma taxa média de cerca de 1,5 por cento ao ano (Quadro 2).

As estimativas preliminares para 2016 e 2017 apontam para um novo crescimento para cerca de 20,3 e 20,5 kg, respetivamente. A expansão do consumo tem sido impulsionada não só pelo aumento da produção, mas também por outros factores, incluindo a redução do desperdício. Em 2015, o peixe representava cerca de 17% das proteínas animais consumidas pela população mundial. Além disso, o peixe forneceu a cerca de 3,2 mil milhões de pessoas quase 20 por cento da sua ingestão média per capita de proteínas animais. Apesar dos níveis irrelativamente baixos de consumo de peixe, as pessoas nos países em desenvolvimento têm uma maior percentagem de proteínas de peixe nas suas dietas do que as dos países desenvolvidos. O consumo de peixe per capita mais elevado, superior a 50 kg, regista-se em vários pequenos Estados insulares em desenvolvimento (PEID), particularmente na Oceânia, enquanto os níveis mais baixos, pouco acima de 2 kg, se verificam na Ásia Central e em alguns países sem litoral. A produção mundial de pescado foi de 90,9 milhões de toneladas em 2016, um pequeno decréscimo em comparação com os dois anos anteriores (Quadro 3). A pesca em águas marinhas e interiores representou 87,2 e 12,8 por cento do total mundial, respetivamente.

O total mundial de capturas marinhas foi de 79,3 milhões de toneladas em 2016, o que representa uma diminuição de quase 2 milhões de toneladas em relação aos 81,2 milhões de toneladas registados em 2015. As capturas de anchoveta pelo Peru e pelo Chile, que são frequentemente substanciais mas muito variáveis devido à influência do El Nino, foram responsáveis por 1,1 milhões de toneladas deste decréscimo, com outros países e espécies importantes, nomeadamente cefalópodes, a registarem igualmente uma redução das capturas entre 2015 e 2016. As capturas marinhas totais da China, de longe o maior produtor mundial, mantiveram-se estáveis em 2016, mas a inclusão de uma política de redução progressiva das capturas no décimo terceiro plano quinquenal nacional para 2016-2020 deverá resultar em reduções significativas nos anos seguintes. A pesca de captura nas águas interiores do mundo produziu 11,6 milhões de toneladas em 2016, representando 12,8 por cento do total das capturas marinhas e interiores. As capturas globais de 2016 em águas interiores registaram um aumento de 2,0 por cento em relação ao ano anterior e de 10,5 por cento em comparação com a média de 2005-2014, mas este resultado pode ser enganador, uma vez que parte do aumento pode ser atribuído a uma melhor recolha e avaliação de dados a nível nacional. Dezasseis países produziram quase 80 por cento das capturas da pesca interior, principalmente na Ásia, onde as capturas em águas interiores constituem uma fonte de alimentação essencial para muitas comunidades locais. As capturas terrestres são também uma importante fonte de alimentação para vários países de África, que representam 25% das capturas terrestres globais (Quadro 4).

A aquacultura continua a crescer mais rapidamente do que outros sectores importantes da produção alimentar, embora já não apresente as elevadas taxas de crescimento anual das décadas de 1980 e 1990 (11,3 e 10,0 por cento, excluindo as plantas aquáticas). O crescimento médio anual diminuiu para 5,8% durante o período de 2000 a 2016, embora o crescimento de dois dígitos ainda tenha ocorrido num pequeno número de países individuais, particularmente em África, de 2006 a 2010. A produção mundial de aquacultura em 2016 incluiu 80,0 milhões de toneladas de peixes alimentares e 30,1 milhões de toneladas de plantas aquáticas, bem como 37 900 toneladas de produtos não alimentares. A produção de peixes alimentares de cultura incluiu 54,1 milhões de toneladas de peixes ósseos, 17,1 milhões de toneladas de moluscos, 7,9 milhões de toneladas de crustáceos e 938500 toneladas de outros animais aquáticos. A China, de longe o maior produtor de peixes de viveiro em 2016, produziu mais do que o resto do mundo em conjunto todos os anos desde 1991. Os outros grandes produtores em 2016 foram a Índia, a Indonésia, o Vietname, o Bangladesh, o Egipto e a Noruega. As plantas aquáticas cultivadas incluíam maioritariamente algas marinhas e um volume de produção muito menor de microalgas. A China e a Indonésia foram, de longe, os maiores produtores de plantas aquáticas em 2016 (Quadro 5). A produção de espécies de animais aquáticos alimentados cresceu mais rapidamente do que a de espécies não alimentadas, embora o volume destas últimas continue a aumentar. Em 2016, a produção total de espécies não alimentadas subiu para 24,4 milhões de toneladas (30% do total de peixes cultivados), consistindo em 8,8 milhões de toneladas de peixes ósseos filtradores criados em aquacultura interior (principalmente carpa prateada e carpa cabeçuda) e 15,6 milhões de toneladas de invertebrados aquáticos, principalmente moluscos bivalves marinhos criados em mares, lagoas e lagos costeiros. Os bivalves marinhos e as algas marinhas são por vezes descritos como espécies extractivas; podem beneficiar o ambiente ao removerem os resíduos, incluindo os resíduos das espécies alimentadas, e ao reduzirem a carga de nutrientes na água. A cultura de espécies extractivas com espécies alimentadas nos mesmos locais de maricultura é incentivada no desenvolvimento da aquicultura. A produção de espécies extractivas representou 49,5 por cento da produção total da aquicultura mundial em 2016.

Em 2015, entre as 16 principais zonas estatísticas, o Mediterrâneo e o Mar Negro, o Pacífico Sudeste e o Atlântico Sudoeste registaram as percentagens mais elevadas de unidades populacionais avaliadas pescadas a níveis insustentáveis, enquanto o Pacífico Central Oriental, o Pacífico Nordeste, o Pacífico Noroeste, o Pacífico Central Ocidental e o Pacífico Sudoeste registaram as percentagens mais baixas. Estima-se que 43% das unidades populacionais das principais espécies de atum comercializadas foram pescadas a níveis biologicamente insustentáveis em 2015, enquanto 57% foram pescadas dentro de níveis biologicamente sustentáveis. A persistência de unidades populacionais sobreexploradas é uma área de grande preocupação. Os Objectivos de Desenvolvimento Sustentável (ODS) das Nações Unidas incluem uma meta (14.4) para regular a captura, acabar com a sobrepesca e repor as unidades populacionais em níveis que possam produzir o rendimento máximo sustentável (MSY) no mais curto espaço de tempo possível. No entanto, parece improvável que as pescarias mundiais consigam reconstituir os 33,1% de unidades populacionais que são atualmente objeto de sobrepesca num futuro muito próximo, uma vez que a reconstituição exige tempo, normalmente duas a três vezes o tempo de vida da espécie. Apesar do aumento contínuo da percentagem de unidades populacionais pescadas a níveis biologicamente insustentáveis, registaram-se progressos em algumas regiões. Por exemplo, a proporção de unidades populacionais pescadas dentro de níveis biologicamente sustentáveis aumentou de 53% em 2005 para 74% em 2016 nos Estados Unidos da América e de 27% em 2004 para 69% em 2015 na Austrália (Quadro 3).

No Atlântico Nordeste e nos mares adjacentes, a percentagem de unidades populacionais em que a mortalidade por pesca não excede a mortalidade por pesca no MSY aumentou de 34% em 2003 para 60%

em 2015. No entanto, a consecução da meta 14.4 dos ODS exigirá uma parceria efectiva entre o mundo desenvolvido e o mundo em desenvolvimento, em especial no que respeita à coordenação de políticas, à mobilização de recursos financeiros e humanos e à utilização de tecnologias avançadas. A experiência demonstrou que a reconstituição das unidades populacionais sobreexploradas pode produzir rendimentos mais elevados, bem como benefícios sociais, económicos e ecológicos substanciais. Dos 171 milhões de toneladas de produção total de peixe em 2016, cerca de 88% (mais de 151 milhões de toneladas) foram utilizados para consumo humano direto, uma percentagem que aumentou significativamente nas últimas décadas. A maior parte dos 12 por cento utilizados para fins não alimentares (cerca de 20 milhões de toneladas) foi reduzida a farinha e óleo de peixe. O peixe vivo, fresco ou refrigerado é frequentemente a forma preferida e mais cara de peixe e representa a maior parte do peixe para consumo humano direto (45% em 2016), seguido do congelado (31%). Apesar das melhorias nas práticas de processamento e distribuição de peixe, a perda ou desperdício entre o desembarque e o consumo ainda representa cerca de 27% do peixe desembarcado (Tabela 5).

O peixe e os produtos da pesca são atualmente alguns dos produtos alimentares mais comercializados no mundo. Em 2016, cerca de 35 por cento da produção mundial de peixe entrou no comércio internacional sob várias formas, para consumo humano ou para fins não comestíveis. Os 60 milhões de toneladas (peso vivo equivalente) do total de peixe e produtos da pesca exportados em 2016 representam um aumento de 245% em relação a 1976. Durante o mesmo período, o comércio mundial de peixe e produtos da pesca também cresceu significativamente em termos de valor, tendo as exportações aumentado de 8 mil milhões de dólares em 1976 para 143 mil milhões de dólares em 2016. Nos últimos 40 anos, a taxa de crescimento das exportações dos países em desenvolvimento tem sido significativamente mais rápida do que a das exportações dos países desenvolvidos. Os acordos comerciais regionais contribuíram para este crescimento através do aumento da regionalização do comércio de peixe desde a década de 1990, com os fluxos comerciais regionais a aumentarem mais rapidamente do que os fluxos comerciais externos. Em 2016, o comércio aumentou 7% em relação ao ano anterior e, em 2017, o crescimento económico reforçou a procura e elevou os preços, aumentando novamente o valor das exportações globais de peixe em cerca de 7%, atingindo um máximo estimado de 152 mil milhões de dólares. A China é o principal produtor de peixe e, desde 2002, é também o maior exportador de peixe e produtos da pesca, embora o rápido crescimento registado nas décadas de 1990 e 2000 tenha abrandado posteriormente. Depois da China, os principais exportadores em 2016 foram a Noruega, o Vietname e a Tailândia. A União Europeia (UE) representava o maior mercado individual de peixe e produtos da pesca, seguida dos Estados Unidos da América e do Japão. Em 2016, estes três mercados representavam, em conjunto, cerca de 64% do valor total das importações mundiais de peixe e produtos da pesca. Ao longo de 2016 e 2017, as importações de peixe cresceram nos três mercados, em resultado do reforço dos fundamentos económicos.

Pesca de captura Produção

A produção global total da pesca de captura, tal como resulta da base de dados de captura da FAO, foi de 90,9 milhões de toneladas em 2016, uma diminuição em comparação com os dois anos anteriores. As tendências de captura em águas marinhas e interiores, que representam, respetivamente, 87,2 e 12,8 por cento do total global.

Produção de capturas marinhas

O total mundial de capturas marinhas foi de 81,2 milhões de toneladas em 2015 e de 79,3 milhões de toneladas em 2016, o que representa uma diminuição de quase 2 milhões de toneladas. As capturas de anchoveta (*Engraulis ringens*) pelo Peru e pelo Chile, que são frequentemente substanciais, mas muito variáveis devido à influência do El Nino, foram responsáveis por 1,1 milhões de toneladas desta diminuição, com outros países e espécies importantes, nomeadamente cefalópodes, a registarem também uma redução das capturas entre 2015 e 2016 (quadros 2 e 3). A diminuição das capturas afectou 64% dos 25 principais países produtores, mas apenas 37% dos restantes 170 países. Tal como em 2014, o escamudo do Alasca (*Theragra chalcogramma*) voltou a ultrapassar a anchoveta como espécie principal em 2016 (Quadro 3), com as capturas mais elevadas desde 1998. No entanto, os dados preliminares de 2017 revelam uma recuperação significativa das capturas de anchoveta. O atum-rabilho (*Katsuwonus pelamis*) ocupou o terceiro lugar pelo sétimo ano consecutivo. Após cinco anos de crescimento contínuo, iniciado em 2010, as capturas de cefalópodes mantiveram-se estáveis em 2015, mas diminuíram em 2016. As três principais espécies de lula - lula voadora do Jumbo (*Dosidicus gigas*), lula argentina de barbatana curta (*Illexargentinus*) e lula voadora japonesa (*Todarodes pacificus*) - diminuíram 26, 86 e 34%, respetivamente, para uma perda combinada de 1,2 milhões de toneladas entre 2015 e 2016.

A produção de captura de outros grupos de moluscos começou a diminuir muito mais cedo - ostras no início dos anos 80, amêijoas no final dos anos 80, mexilhões no início dos anos 90 - enquanto as capturas de vieiras atingiram o máximo de sempre em 2011, mas desde então diminuíram um terço. As tendências negativas dos grupos de espécies de bivalves podem ser o resultado da poluição e da degradação dos ambientes marinhos, bem como de tendências que favorecem a produção aquícola de algumas destas espécies. Todos os grupos de espécies mais valiosos com produção significativa - lagostas, gastrópodes, caranguejos e camarões, com um valor médio estimado por grupo de 8 800 a 3800 USD por tonelada - registaram um novo recorde de capturas em 2016. Embora as suas tendências históricas de captura revelem vários altos e baixos anuais, as suas trajectórias ascendentes têm sido basicamente estáveis ao longo dos anos. No entanto, é difícil afirmar se a razão para estas tendências positivas é ecológica ou económica (em espécies valiosas para a indústria pesqueira) ou ambas, e se este crescimento é sustentável a longo prazo. Dentro do grupo dos camarões, o desempenho do camarão vermelho argentino (*Pleoticus muelleri*) manteve-se destacado em 2016.

As capturas de pequenos pelágicos de preço muito mais baixo - que, em muitos países em desenvolvimento, são importantes para a segurança alimentar, mas que, noutros, são em grande parte transformados em farinha de peixe e óleo de peixe - têm-se mantido bastante estáveis, com as capturas anuais totais dos 13 pequenos pelágicos enumerados no quadro 3 a rondarem, em média, os 15 milhões de toneladas. Na sequência de uma divisão taxonómica que se tornou amplamente adoptada na literatura científica, as capturas nas zonas atlânticas, anteriormente classificadas como cavala do Pacífico (*Scomber japonicas*), são agora classificadas como cavala do Atlântico (*Scomber colias*). As capturas de atum e espécies afins estabilizaram em cerca de 7,5 milhões de toneladas, após o máximo registado em 2014. Algumas espécies - o salmonete, o atum de barbatana amarela (*Thunnus albacares*) e o atum patudo (*Thunnus obesus*) e o peixe-sete (*Scomberomorus* spp.) nei - representam cerca de 75 por cento das capturas deste grupo Produção de capturas em águas interiores A captura global total em águas interiores foi de 11,6 milhões de toneladas em 2016, representando 12,8 por cento da produção global total da pesca de captura. As capturas globais de 2016 registam um aumento de 2,0 por cento em relação ao ano anterior e de 10,5 por cento em comparação com a média de 2005 - 2014. A tendência de aumento contínuo da produção da pesca interior pode, no entanto, ser enganadora, uma vez que parte do aumento pode ser atribuído a uma melhor comunicação e avaliação a nível nacional e pode não se dever inteiramente ao aumento da produção. A melhoria dos relatórios pode também ocultar tendências em países individuais onde a pesca está a diminuir. Dezasseis países produzem quase 80 por cento das capturas da pesca interior (Quadro 5), principalmente na Ásia, onde as capturas terrestres constituem uma fonte alimentar fundamental para muitas comunidades locais. A Ásia tem uma quota consistente de dois terços da produção terrestre global (Quadro 4).

As capturas em águas interiores são também importantes para a segurança alimentar em vários países de África, que representa 25% das capturas globais. A Europa, as Américas e a Oceânia representam 9 por cento. O total das capturas em águas interiores para 2014 foi ajustado para 11,3 milhões de toneladas, em comparação com os 11,9 milhões de toneladas registados em The State of World Fisheries and Aquaculture 2016 (2016c), devido à substituição das estatísticas oficiais de Myanmar pelas estimativas da FAO. Myanmar, que ocupava o segundo lugar entre os produtores mundiais de peixe de águas interiores - graças a um crescimento médio não fiável de 15% ao ano - ocupa agora, de forma mais realista, o quarto lugar (quadros 5 e 6). A maioria dos principais países produtores registou um aumento das capturas nos últimos anos, com exceção do Egipto, das Filipinas, da Tailândia e do Uganda. O Brasil, de longe o maior produtor da América do Sul, não comunica dados oficiais de captura à FAO desde 2014, pelo que as suas estatísticas foram estimadas. No que respeita aos principais grupos de espécies em águas interiores, o grupo "Tilápias e outros ciclídeos" registou um aumento contínuo, atingindo 1,6 milhões de toneladas em 2016 e duplicando as capturas de 2005. O grupo "carpas, barbos e outros ciprinídeos", que ultrapassou o primeiro grupo em 2005, manteve-se estável entre 0,7 e 0,8 milhões de toneladas por ano. Os crustáceos de água doce e os moluscos de água doce registaram picos no início da década de 2000 e em meados da década de 1990, respetivamente, mas, após períodos de diminuição das capturas, mantiveram-se relativamente estáveis desde 2010, com 0,45 e 0,36 milhões de toneladas (quadro 7).

Produção e crescimento A produção aquícola mundial (incluindo plantas aquáticas) em 2016 foi de 110,2 milhões de toneladas, com um valor de primeira venda estimado em 243,5 mil milhões de dólares. O valor de primeira venda, reestimado com novas informações disponíveis para alguns dos principais países produtores, é consideravelmente mais elevado do que as estimativas anteriores. Em geral, os dados da FAO relativos ao volume da produção aquícola são mais precisos e fiáveis do que os relativos ao valor. A produção total incluiu 80,0 milhões de toneladas de peixes alimentares (231,6 mil milhões de dólares) e 30,1 milhões de toneladas de plantas aquáticas (11,7 mil milhões de dólares), bem como 37900 toneladas de produtos não alimentares (214,6 milhões de dólares). A produção de peixe de cultura incluiu 54,1 milhões de toneladas de peixe (138,5 mil milhões de dólares), 17,1 milhões de toneladas de moluscos (29,2 mil milhões de dólares), 7,9 milhões de toneladas de crustáceos (57,1 mil milhões de dólares) e 938500 toneladas de outros animais aquáticos (6,8 mil milhões de dólares), como tartarugas, pepinos-do-mar, ouriços-do-mar, rãs e medusas comestíveis. As plantas aquáticas cultivadas incluíam maioritariamente algas marinhas e um volume de produção muito menor de microalgas. Os produtos não alimentares incluíam apenas conchas e pérolas ornamentais. Desde 2000, a aquicultura mundial deixou de registar as elevadas taxas de crescimento anual das décadas de 1980 e 1990 (10,8 e 9,5 %, respetivamente). No entanto, a aquicultura continua a crescer mais rapidamente do que outros sectores importantes da produção alimentar. O crescimento anual diminuiu para uns moderados 5,8% durante o período de 2001 a 2016, embora ainda se tenha verificado um crescimento de dois dígitos num pequeno número de países, particularmente em África, de 2006 a 2010.

A contribuição da aquicultura para a produção global da pesca de captura e da aquicultura combinadas tem aumentado continuamente, atingindo 46,8 por cento em 2016, contra 25,7 por cento em 2000. Se a China for excluída, a quota da aquicultura atingiu 29,6 por cento em 2016, contra 12,7 por cento em 2000. A nível regional, a aquicultura foi responsável por 17 a 18% da produção total de peixe em África, nas Américas e na Europa, seguida de 12,8% na Oceânia. A quota da aquicultura na produção de peixe na Ásia (excluindo a China) aumentou para 40,6% em 2016, contra 19,3% em 2000. Em 2016, 37 países estavam a produzir mais peixe cultivado do que capturado na natureza. Estes países encontram-se em todas as regiões, exceto na

Oceânia, e, coletivamente, representam cerca de metade da população humana mundial. Em 2016, a aquicultura representava menos de metade, mas mais de 30 por cento, da produção nacional total de peixe noutros 22 países.

Aquicultura em águas interiores

A produção mundial de peixes de cultura depende cada vez mais da aquicultura em águas interiores, que é tipicamente praticada num ambiente de água doce na maioria dos países. Num pequeno número de países (por exemplo, a China e o Egipto), a aquicultura com água salino-alcalina é praticada com espécies adequadas em áreas onde as condições do solo e as propriedades químicas da água disponível não são adequadas para culturas convencionais de cereais ou pastagens. Os lagos de terra continuam a ser o tipo de instalação mais utilizado para a produção aquícola em águas interiores, embora os tanques de rega, os tanques acima do solo, os recintos fechados e as jaulas sejam também largamente utilizados quando as condições locais o permitem. A cultura do peixe-arroz continua a ser importante nas zonas onde é tradicional, mas está também a expandir-se rapidamente, especialmente na Ásia. Em 2016, a aquicultura interior foi a fonte de 51,4 milhões de toneladas de peixe alimentar, ou seja, 64,2% da produção mundial de peixe alimentar cultivado, em comparação com 57,9% em 2000. A piscicultura continua a dominar a aquicultura em águas interiores, representando 92,5% (47,5 milhões de toneladas) da produção total da aquicultura em águas interiores. No entanto, esta proporção diminuiu em relação aos 97,2% de 2000, reflectindo um crescimento relativamente forte da cultura de outros grupos de espécies, particularmente crustáceos na aquicultura interior na Ásia, incluindo camarões, lagostins e caranguejos (Quadro 6). A produção de aquacultura interior inclui algumas espécies de camarão marinho, como o camarão de perna branca, que pode crescer em água doce ou água salina-alcalina interior após aclimatação.

Produção aquícola com e sem alimentação

O crescimento da criação de espécies de animais aquáticos alimentados ultrapassou o crescimento da criação de espécies não alimentadas na aquicultura mundial. A percentagem de espécies não alimentadas no total da produção de animais aquáticos diminuiu gradualmente entre 2000 e 2016, diminuindo 10 pontos percentuais para 30,5 por cento. Em termos absolutos, o volume da produção agrícola de espécies não alimentadas continua a aumentar, mas a expansão é mais lenta do que a das espécies alimentadas. Em 2016, a produção total de espécies não alimentadas subiu para 24,4 milhões de toneladas, consistindo em 8,8 milhões de toneladas de peixes ósseos filtradores criados em aquicultura interior (principalmente carpa prateada (*Hypophthalmichthys molitrix*) e carpa cabeçuda (*Hypophthalmichthys nobilis*) e 15,6 milhões de toneladas de invertebrados aquáticos, principalmente moluscos bivalves marinhos criados em mares, lagoas e lagos costeiros. Na Ásia, na Europa Central e Oriental e na América Latina, as carpas filtradoras são normalmente criadas em sistemas de policultura multi-espécies, que aumentam a produção de peixe através da utilização de alimentos naturais e da melhoria da qualidade da água no sistema de produção. Nos últimos anos, uma outra espécie de peixe que se alimenta por filtração, o peixe-espada do Mississipi (*Polyodon spathula*), surgiu em policultura nalguns países, nomeadamente na China, onde o volume de produção está estimado em vários milhares de toneladas.

Os bivalves marinhos, que extraem matéria orgânica para crescer, e as algas marinhas, que crescem por fotossíntese absorvendo nutrientes dissolvidos, são por vezes descritos como espécies extractivas. Quando cultivadas na mesma área com espécies alimentadas, beneficiam o ambiente ao removerem os resíduos, incluindo os resíduos das espécies alimentadas, e ao reduzirem a carga de nutrientes. A cultura de espécies extractivas com espécies alimentadas nos mesmos locais de maricultura é incentivada nos exercícios de planeamento e ordenamento do desenvolvimento da aquicultura. A produção de espécies extractivas representou 49,5 por cento da produção total da aquicultura mundial em 2016. Espécies produzidas A partir de 2016, foi registada a produção global de um total de 598 "itens de espécies" alguma vez cultivados no mundo. Um item de espécie refere-se a uma única espécie, a um grupo de espécies (onde a identificação ao nível da espécie não é possível) ou a um híbrido interespecífico. As espécies registadas até agora incluem 369 peixes (incluindo 5 híbridos), 109 moluscos, 64 crustáceos, 7 anfíbios e répteis (excluindo jacarés, caimões ou crocodilos), 9 invertebrados aquáticos e 40 algas aquáticas. Estes números não incluem as espécies, conhecidas ou desconhecidas da FAO, produzidas a partir de experiências de investigação em aquicultura, cultivadas como alimento vivo em operações de incubação de aquicultura, ou aquáticas ornamentais produzidas em cativeiro. Nos últimos dez anos, o número total de espécies cultivadas comercialmente registadas pela FAO aumentou 26,7 por cento, de 472 em 2006 para 598 em 2016 (Tabelas 7, 8 e 9).

Distribuição da produção aquícola e principais produtores Dos 202 países e territórios atualmente existentes com produção aquícola registada pela FAO, 194 foram produtores activos nos últimos anos. O padrão de distribuição desigual da produção prevalecente entre as regiões e entre os países da mesma região manteve-se pronunciado e praticamente inalterado na última década, apesar das grandes alterações registadas na produção absoluta (Quadro 10). A Ásia foi responsável por cerca de 89% da produção aquícola mundial durante mais de duas décadas. Durante o mesmo período, a África e as Américas aumentaram as suas quotas respectivas na produção mundial total, enquanto as da Europa e da Oceânia diminuíram ligeiramente. Entre os principais países produtores, o Egipto, a Nigéria, o Chile, a Índia, a Indonésia, o Vietname, o Bangladesh e a Noruega reforçaram a sua parte na produção regional ou mundial, em graus variáveis, nas duas últimas décadas. A China tem vindo a enfraquecer gradualmente a sua quota na produção mundial, passando de 65% em 1995 para menos de 62% em 2016. Como ilustrado em Embora o nível de desenvolvimento global da aquicultura varie muito entre regiões geográficas e dentro delas, alguns grandes produtores dominam a produção dos principais grupos de espécies armadas produzidas na aquicultura em águas interiores e na aquicultura marinha e costeira. A piscicultura interior é dominada pelos países em desenvolvimento, enquanto vários países desenvolvidos são os principais contribuintes para a piscicultura marinha mundial, especialmente as espécies de água fria. Os camarões marinhos dominam a produção de crustáceos tipicamente cultivados na aquicultura costeira e são uma importante fonte de receitas em divisas para vários países em desenvolvimento da Ásia e da América Latina. Embora a quantidade de moluscos marinhos produzidos pela China seja muito superior à de todos os outros produtores, alguns países de todas as regiões dependem bastante do mexilhão, da ostra e, em menor grau, do abalone para a sua produção aquícola.

Pescadores e aquicultores

Muitos milhões de pessoas em todo o mundo encontram nos sectores da pesca e da aquicultura uma fonte de rendimento e de subsistência. As estatísticas oficiais mais recentes (Quadro 11) indicam que 59,6 milhões de pessoas estavam envolvidas no sector primário da pesca de captura e da aquicultura em 2016, com 19,3 milhões de pessoas envolvidas na aquicultura e 40,3 milhões de pessoas envolvidas na pesca. O emprego total nos sectores apresentou uma tendência geral de aumento durante o período 1995-2010, seguida de uma estabilização. O aumento foi influenciado, em certa medida, por melhorias nas rotinas de estimativa estatística aplicadas. A proporção de pessoas empregadas na pesca de captura diminuiu de 83% em 1990 para 68% em 2016, enquanto a proporção de pessoas empregadas na aquicultura aumentou correspondentemente de 17% para 32%. Em 2016, 85% da população mundial envolvida nos sectores da pesca e da aquicultura encontrava-se na Ásia, seguida da África (10%) e da América Latina e Caraíbas (4%). Mais de 19 milhões de pessoas (32% de todas as pessoas empregadas nos sectores) estavam envolvidas na aquicultura, concentradas principalmente na Ásia (96% de todo o envolvimento na aquicultura), seguidas pela América Latina e Caraíbas (2% do total ou 3,8 milhões de pessoas) e África (1,6% ou 3,0 milhões de pessoas). A Europa, a América do Norte e a Oceânia tinham, cada uma, menos de 1% da população global envolvida nos sectores. As tendências do número de pessoas envolvidas nos sectores primários da pesca e da aquicultura variam consoante a região.

A Europa e a América do Norte registaram os maiores decréscimos proporcionais no número de pessoas envolvidas em ambos os sectores, com decréscimos na pesca de captura (Quadro 11). Em contrapartida, a África e a Ásia, com um crescimento demográfico mais elevado e um aumento das populações economicamente activas no sector da agricultura, revelaram uma tendência geralmente positiva para o número de pessoas que se dedicam à pesca de captura e taxas de crescimento ainda mais elevadas para as que se dedicam à aquicultura. A região da América Latina e das Caraíbas situa-se algures entre estas duas tendências, com um crescimento populacional decrescente, uma diminuição da população economicamente ativa no sector agrícola na última década, um crescimento moderado do emprego nos sectores da pesca e da aquicultura e um crescimento sustentado bastante elevado da produção aquícola. No entanto, o crescimento vigoroso da produção aquícola da região pode não resultar num crescimento igualmente elevado do número de piscicultores empregados, uma vez que vários dos organismos importantes cultivados na região se destinam a mercados estrangeiros altamente competitivos. O aumento da sua produção exige, portanto, uma focalização na eficiência, na qualidade e na redução dos custos, e depende mais dos desenvolvimentos tecnológicos do que do trabalho humano. Na Oceânia, foi registado um grande aumento no número de pescadores em 2015 e 2016, atribuído à disponibilidade de melhores estimativas sobre os pescadores de subsistência. A Tabela 12 apresenta as estatísticas de envolvimento para países seleccionados. O envolvimento na pesca e na aquicultura na China manteve-se entre 14,2 milhões e 14,6 milhões no período 2012-2017 (cerca de 25 por cento do total mundial). Em 2016, 9,4 milhões de pessoas estavam envolvidas na pesca e 5,0 milhões na aquicultura (quadros 9 e 10).

Solos

O solo é um conjunto natural de materiais minerais e orgânicos diferenciados em horizontes, que diferem entre si e do material subjacente em termos de morfologia, constituição física, composição química e características biológicas

i. Formação natural
ii. Diferenciação em horizontes e
iii. Diferença morfológica, química e biológica entre o material de origem e o horizonte do solo.

Todos os solos se desenvolvem a partir de rochas intemperizadas, depósitos vulcânicos ou resíduos vegetais acumulados.

Existem duas abordagens para o estudo de todos os solos - PEDOLODIA e EDAPHOLOGIA. A pedologia inclui o estudo da origem do solo, a sua classificação e a sua descrição, enquanto a edafologia inclui o estudo do solo em relação ao crescimento das plantas. Os solos desempenham um papel fundamental na regulação dos poluentes nos ecossistemas. O solo é a interface para a maior parte da atividade humana e é grandemente afetado pelo homem. A água, o escoamento superficial e a erosão transferem os poluentes dos ecossistemas terrestres para os ecossistemas aquáticos de água doce e marinhos, e os aerossóis particulados são importantes transportadores de poluentes a curto e longo prazo. O solo é um importante sumidouro de poluentes através de reacções de precipitação, sorção e imobilização. O sumidouro do solo reduz as concentrações dissolvidas potencialmente tóxicas de poluentes que, de outro modo, poderiam contaminar as reservas de água superficiais e subterrâneas e ser absorvidas pelo solo e pelo biota aquático. O sumidouro do solo pode também reduzir a biodisponibilidade dos poluentes no solo diretamente ingeridos pela biota do solo, pelos animais de pasto e pelos seres humanos. Assim, o solo desempenha as seguintes funções principais

1. O seu meio natural para o crescimento das plantas.
2. Fornece suporte mecânico às plantas.
3. Fornece nutrientes essenciais e água às plantas.

Solo superficial ou solo de superfície

Quando um solo é arado e cultivado, o estado natural dos 12-18 centímetros superiores (5-7 polegadas) é modificado. A parte manipulada do solo é designada por solo de superfície ou solo superficial. Também pode ser designada por "piolho dos sulcos" nas situações em que o solo é revolvido ou cortado pelo arado. O agricultor considera geralmente que o solo designa a camada superficial, a camada superior do solo ou a fatia do sulco.

Sub-solo

O subsolo é constituído pelas camadas de solo que se encontram por baixo do solo superficial. Não é visível à superfície e não é normalmente perturbado pela mobilização do solo, mas a maioria das utilizações do solo é influenciada pelas características do subsolo. É certo que a produção vegetal é afetada pela penetração das raízes no subsolo e pelo reservatório de humidade e nutrientes que este representa.

Cama de pedra

As rochas sólidas do leito e o regolito ou expostos à superfície sem cobertura.

Solo mineral

O solo mineral é um solo cujas propriedades são dominadas pela matéria mineral, contendo geralmente menos de 20% de matéria orgânica, ou com apenas uma fina camada orgânica superficial (menos de 30 cm de espessura).

Solo orgânico

Um solo que contém geralmente mais de 20 por cento de matéria orgânica, ou que tem mais de metade dos 80 cm superiores como material orgânico. Além disso, se o material orgânico do solo de qualquer espessura repousa sobre rocha ou material fragmentado (rochoso ou cascalho), é considerado como um solo orgânico.

Pedon

Pedon é o volume mais pequeno que pode ser chamado de solo. Tem três dimensões. Estende-se para baixo até à profundidade das raízes das plantas/ou até ao limite inferior dos horizontes genéticos do solo. A sua secção transversal é aproximadamente hexagonal e varia de 1 a 10 m2 de dimensão, consoante a variabilidade dos horizontes.

Composição dos solos

O solo tem quatro componentes principais. São eles,

1. Matéria mineral; 2. Matéria orgânica; 3. Ar do solo e 4. Água do solo

Um solo ideal contém cerca de 50% de espaço sólido e 0% de espaço poroso. A matéria mineral e a matéria orgânica ocupam o espaço sólido total do solo, cerca de 45% e 5%, respetivamente. O espaço poroso total do solo é ocupado por ar e água numa base de

50:50, ou seja, neste caso, 25% de água e 25% de ar. A proporção de água varia em condições naturais, dependendo do clima e dos factores ambientais. Os componentes acima referidos do solo normal existem principalmente em condições de mistura íntima.

Micro-organismo

Nas fases iniciais da decomposição mineral e da formação do solo, as formas inferiores de plantas e animais, como líquenes, musgos, bactérias, fungos, actinomicetos, etc., desempenham um papel importante. Estes organismos extraem nutrientes da rocha sólida maciça, azoto do ar e podem viver com uma quantidade muito pequena de humidade. Com o passar do tempo, o solo desenvolve-se sob o aglomerado de musgos, algas e bactérias. Estes organismos actuam sobre os restos de plantas e animais em decomposição e produzem vários compostos orgânicos complexos, CO_2 e nutrientes. A produção de CO_2 e de outros compostos orgânicos contribui para a decomposição dos minerais.

Propriedades físicas do solo

Propriedades físicas do solo - textura, estrutura, densidade, porosidade, teor de água, resistência (consistência). A temperatura e a cor são factores dominantes que afectam a utilização de um solo. Estas propriedades determinam a disponibilidade de oxigénio nos solos, a retenção de humidade e a penetração das raízes. Estas propriedades afectam ainda o comportamento químico e biológico do solo.

Textura do solo

Os solos naturais são compostos por partículas de solo de diferentes tamanhos. Os grupos de tamanhos de solo denominados separadores de solo são as areias (as mais grossas), os siltes e as argilas (as mais pequenas). As proporções relativas do solo determinam a sua textura. A textura indica o tamanho das partículas individuais do solo. A textura é uma caraterística importante do solo porque, em parte, determina as taxas de entrada de água (infiltração), o armazenamento de água no solo, a facilidade de lavrar o solo, a quantidade de arejamento (vital para o crescimento das raízes) e influenciará a fertilidade.

Solo Separado e suas faixas de diâmetro

Nome separado do solo	Gama de diâmetros	Comparação visual do tamanho máximo
Areia muito grossa e areia grossa areia média Areia fina e areia muito fina Silte Argila	2.0-1.0 1.0-0.5 0.5-0.25 0.10-0.10 0.10-0.05 0.05-0.002 Menos de 0,002	Espessura de uma chave de mangueira Pequena cabeça de alfinete Cristais de açúcar ou de sal Espessura de páginas falsas Invisível a olho nu Visível ao microscópio, A maioria não é visível mesmo com um microscópio

Grupo de texturas	Areia	Silte	Argila
Areia	80-100	0-20	0-20
Franco-arenoso	50-80	0-50	0-20
Argila	30-50	30-50	0-20
Argila siltosa	0-50	50-100	0-20`
Argila arenosa	50-80	0-30	20-30
Argila siltosa	0-30	50-80	20-30
Barro argiloso	20-50	20-50	20-30
Argila arenosa	50-70	0-20	30-50
Argila siltosa	0-20	50-70	30-50
Argila	0-50	0-50	30-100

Estrutura do solo

A estrutura do solo é a relação entre a proporção de areia, silte e argila num solo; a forma como estas partículas estão agrupadas em colecções estáveis ou agregados é a estrutura do solo. Assim, a estrutura do solo é definida como a disposição das partículas primárias (areia, silte e argila) e dos seus agregados num determinado padrão definido. Os agregados naturais são designados por areias de leito, que variam em termos de estabilidade à água; a palavra torrão é utilizada para designar uma massa coerente de solo, quebrada em qualquer forma por meios artificiais, como a lavoura.

Classes de estrutura

As unidades de estrutura do solo (peds) são descritas pelas suas características: Tipo (forma), Classe (tamanho) e Grau (força de coesão)

Cor do solo

A cor do solo indica muitas características do solo; uma mudança na cor do solo em relação aos solos adjacentes indica uma diferença na origem mineral do solo (material de origem) ou no desenvolvimento do solo. As cores brancas são comuns quando existem sais ou depósitos de carbonato (cal) no solo. Os solos escuros absorvem mais calor do que os de cor clara. Alguns resíduos negros de minas de carvão e resíduos de xisto betuminoso de cor escura atingem temperaturas de 65,6-70,0 graus Celsius (150-180 graus Fahrenheit), que são letais para muitas plantas que poderiam crescer nesses solos. A reflexão da cor do solo divide-se em três caminhos:

> **Tonalidade:** Denota a cor espetral dominante (vermelho, amarelo, azul e verde).

> **Valor:** Denota a claridade ou escuridão de uma cor (a quantidade de luz reflectida)

> **Croma:** Representa a pureza da cor (força da cor).

As notações de cor mun-sell são designações numéricas e alfabéticas sistemáticas de cada uma destas três variáveis (Matiz, Valor e Croma). Por exemplo, as notações numéricas 10YR5/6 sugerem uma tonalidade de 10YR, um valor de 5 e um croma de 6. A cor do solo equivalente e paralela a esta notação mun-sell é castanho amarelado.

Classificação da água do solo

A água do solo é classificada nos seguintes tipos:

Classificação física

Do ponto de vista físico, são identificadas as águas gravitacionais, capilares e higroscópicas. A água que excede a capacidade de campo (-0,1 a -0,3 bar e acima) é denominada gravitacional. Embora a energia de retenção seja baixa, a água gravítica tem uma utilidade limitada para as plantas porque está presente no solo apenas durante um curto período de tempo e, enquanto está no solo, ocupa os poros maiores, reduzindo assim o arejamento do solo. A remoção da água gravitacional do solo por drenagem é geralmente um requisito para o crescimento ótimo das plantas. Como o nome sugere, a água capilar é retida nos poros de tamanho capilar e comporta-se de acordo com as leis que regem a capilaridade. Esta água inclui a maior parte da água absorvida pelas plantas em crescimento e exerce potenciais entre -0,1 e 31 bar ou tensões entre 0,1 e 31 bar. A água higroscópica é aquela que está fortemente ligada ao solo a valores de potencial inferiores a 31 bar (ou a valores de tensão superiores a 31 bar). É essencialmente não-líquida e move-se principalmente sob a forma de vapor. As plantas superiores não podem absorver água higroscópica, mas foi observada alguma atividade microbiana em solos que contêm apenas água higroscópica.

Classificação biológica

Existe uma relação clara entre a retenção de humidade e a sua utilização pelas plantas. A classe biológica baseia-se na disponibilidade da humidade do solo para a planta. A água do solo sob este sistema de classificação pode ser dividida em três categorias.

1. **Água disponível**: A água disponível é definida como a porção de água que é retida no solo entre a capacidade de campo (-0,1 a -0,3 bar) e os coeficientes de murcha permanente (-15 bar). Esta água é facilmente utilizável pelas plantas e, por isso, é designada por água disponível para as plantas e é igual à diferença da percentagem de água na capacidade de campo e num ponto de murchidão permanente.
2. **Água não disponível**: A água não disponível é definida como a água que é mantida na capacidade do potencial hídrico do solo inferior a 15 bar. Não está disponível para as plantas. Inclui a totalidade da água higroscópica mais uma parte da água capilar abaixo do ponto de murchamento.
3. **Água supérflua**: A água supérflua é a água que é retida na água do solo mais uma porção de água capilar removida do grande interstício. Este tipo de água não está disponível para as plantas. A presença de tal água no solo por um longo período causa efeitos nocivos no crescimento das plantas devido à falta de ar.

Constantes de humidade do solo

Constantes de humidade do solo e o seu equivalente aproximado em barras de potencial hídrico, uma vez que afectam a disponibilidade relativa de água para as plantas.

Reservatórios de água no solo

A água no solo é retida sob a forma de películas nas superfícies das partículas e em pequenos poros. Os poros grandes (como nas areias e entre os agregados grandes) permitem que a água escorra por fluxo gravitacional. Os poros pequenos (argilas) retêm a água por força capilar. Geralmente, quanto mais argiloso for o solo e quanto maior for o teor de húmus, maior será a quantidade de água que o solo pode armazenar. Não só a quantidade de água retida nos óleos de argila permanece grande, como também a maior parte é fortemente retida na grande área de superfície da argila. Isto significa que os solos argilosos reterão uma grande quantidade de água, o que significa uma percentagem de ponto de murchamento permanente.

Outras propriedades físicas do solo

Outras propriedades físicas do solo incluem a plasticidade, a viscosidade, a sujidade e a fluidez.

1. **A plasticidade** é o grau em que o solo é permanentemente deformado, sem rutura, por uma força aplicada continuamente em qualquer direção.
2. **A viscosidade** é a propriedade do solo húmido de aderir a outro objeto.
3. **A mancha** é o tremor de campo das argilas tirotróficas. A tixotropia é a propriedade que certos géis de argila de textura fina apresentam de serem sólidos quando estão de pé, mas de se tornarem líquidos quando agitados ou misturados.
4. **A fluidez** refere-se a solos argilosos não tixotrópicos que fluem sob pressão manual.

Fungos no solo

O solo é um meio oligotrófico para o crescimento de fungos. Os nutrientes facilmente disponíveis estão presentes durante curtos períodos de tempo numa zona limitada. Durante o resto do tempo, os fungos metabolizam e crescem muito lentamente, utilizando a disposição de moléculas orgânicas ou os fungos estão dormentes. Em geral, a concentração de micróbios é maior perto da superfície das raízes, onde os exsudados da raiz fornecem uma fonte extraordinariamente importante de energia orgânica ao solo (*rizosfera*). Longe da raiz, os restos de plantas e os micróbios são a principal fonte de energia. Estes são compostados e degradados, geralmente muito rapidamente, deixando para trás ceras modificadas, lignina, melanina e outras moléculas complexas de origem vegetal e microbiana. Os restos recalcitrantes são conhecidos como húmus. O húmus é constituído por uma mistura de compostos aromáticos resistentes à degradação enzimática. O húmus constitui uma parte importante do carbono armazenado no solo. A perda de húmus para a atmosfera devido às actividades humanas é um contributo importante para o aumento do dióxido de carbono na atmosfera. A degradação humana dos ecossistemas pode ser responsável por cerca de 20% dos gases com efeito de estufa, e este carbono provém do solo. Se os micologistas quiserem fazer parte da resposta científica às alterações climáticas globais, os esforços para compreender melhor o ciclo do carbono no solo seriam um bom ponto de partida.

Distribuição dos fungos do solo

Os fungos encontram-se onde quer que haja matéria orgânica lenhosa dura e rica em carbono. Pode tratar-se de árvores mortas a apodrecer numa floresta, de folhagem à superfície de solos de pomares ou de raízes de plantas. Os fungos micorrízicos encontram-se naturalmente em todos os solos. As técnicas para determinar a sua presença centram-se geralmente em métodos indirectos ou na colonização das raízes das plantas, pelo que não são muito fiáveis. É difícil conseguir que os fungos micorrízicos cresçam fora do seu estado natural, mas as técnicas de coloração e a microscopia têm sido úteis na identificação de micorrizas a partir de amostras de solo e de plantas. Os fungos tendem a dominar sobre as bactérias e os actinomicetos em solos ácidos, uma vez que podem tolerar uma vasta gama de pH. Os fungos podem sobreviver no solo durante longos períodos, mesmo em períodos de défice hídrico, vivendo em raízes de plantas mortas e/ou sob a forma de esporos ou fragmentos de hifas. Um grama de solo de jardim pode conter cerca de um milhão de fungos, tais como leveduras e bolores. Os fungos não têm clorofila e não são capazes de fazer fotossíntese; além disso, não podem utilizar o dióxido de carbono atmosférico como fonte de carbono, pelo que são quimio heterotróficos, o que significa que, tal como os animais, necessitam de uma fonte química de energia em vez de poderem utilizar a luz como fonte de energia, bem como de substratos orgânicos para obterem carbono para o seu crescimento e desenvolvimento. Muitos fungos são parasitas, causando frequentemente doenças à sua planta hospedeira viva, embora alguns tenham relações benéficas com plantas vivas, como veremos mais adiante. Em termos de criação de solo e húmus, os fungos mais importantes tendem a ser saprotróficos, ou seja, vivem em matéria orgânica morta ou em decomposição, decompondo-a e convertendo-a em formas que estão disponíveis para as plantas superiores. Uma sucessão de espécies fúngicas coloniza a matéria morta, começando pelas que utilizam açúcares e amidos, sendo sucedidas pelas que podem decompor a celulose e as lenhinas.

Os fungos propagam-se no subsolo através do envio de longos e finos filamentos, conhecidos como micélio, por todo o solo; estes filamentos podem ser observados em muitos solos e pilhas de composto. A partir dos micélios, os fungos são capazes de lançar os seus corpos de frutificação, a parte visível acima do solo (por exemplo, cogumelos, cogumelos-sapo e bolas de folhado), que podem conter milhões de esporos. Quando o corpo de frutificação rebenta, estes esporos são dispersos pelo ar para se instalarem em novos ambientes, podendo permanecer dormentes durante anos até que surjam as condições adequadas para a sua ativação ou até que esteja disponível o alimento certo. A gama de fungos que se sabe ocorrerem no solo é muito vasta, desde os quitrídeos aos agáricos, dos saprófitos aos parasitas das raízes, dos parasitas das amebas aos parasitas do homem. O interesse pelos fungos faz com que o solo tenha sido provavelmente estudado mais extensivamente do que qualquer outro habitat natural dos fungos.

Grupos de fungos

Os principais grupos funcionais dos fungos.

Decompositores

Os fungos decompositores ou saprófitas convertem a matéria orgânica morta em biomassa fúngica (ou seja, os seus próprios corpos), dióxido de carbono e ácidos orgânicos. São essenciais para a decomposição da matéria orgânica lenhosa dura. Consumindo os nutrientes do solo. Os ácidos orgânicos que produzem como produtos secundários ajudam a criar matéria orgânica resistente à degradação. Os fungos são capazes de degradar a celulose, as proteínas e a lenhina, algumas das quais são muito resistentes à degradação.

Mutualistas

Estes fungos desenvolvem relações mutuamente benéficas com as plantas. Colonizam as raízes das plantas, onde ajudam a planta a obter nutrientes como o fósforo do solo. A sua massa esconde as raízes de pragas e agentes patogénicos e proporciona uma maior superfície de raiz através da qual as plantas podem obter nutrientes

Fungos *micorrízicos*

Os fungos micorrízicos são talvez os mais conhecidos dos mutualistas. *Micorriza* significa raiz de fungo e os fungos micorrízicos crescem dentro das raízes das plantas. Até 5 m de hifas vivas de fungos micorrízicos podem ser extraídos de 1g de solo. Os quatro grupos de fungos micorrízicos são: arbuscular, ecto-micorrízico, ericoide e orquídea. A micorriza *arbuscular* (FMA) é a forma mais comum de *micorriza*, especialmente em associações de plantas agrícolas. Este fungo tem arbúsculos que são crescimentos formados no interior da raiz da planta que têm muitas pequenas projecções que entram nas células. São conhecidas cerca de 150 espécies de micorrizas *arbusculares*. A maior parte das plantas (90%) tem algum tipo de associação com estes fungos, com exceção de grupos como a família Cruciferae (por exemplo, mostarda, canola e brócolos),

Chenopodiaceae (por exemplo, espinafres, beterrabas, arbusto salgado) e Proteaceae (banksia, macadâmia).

Agentes patogénicos

Este grupo inclui os bem conhecidos fungos como o verticillium, phyto phthora e pythium. Foi demonstrado que os solos com elevada biodiversidade suprimem as doenças fúngicas transmitidas pelo solo. Os mecanismos de supressão incluem os organismos nativos que superam os organismos patogénicos, fisicamente as raízes e fornecendo uma melhor nutrição às plantas.

Benefícios dos fungos do solo

Os fungos desempenham funções importantes no solo em relação ao ciclo de nutrientes, à supressão de doenças e à dinâmica da água, o que ajuda as plantas a tornarem-se mais saudáveis e vigorosas.

1. Decompor a matéria orgânica lenhosa: Juntamente com as bactérias, os fungos são importantes decompositores de matéria orgânica dura, utilizam o azoto do solo para decompor resíduos lenhosos ricos em carbono e pobres em azoto e convertem os nutrientes dos resíduos em formas mais acessíveis a outros organismos.

2. Aumentar a absorção de nutrientes: Os fungos micorrízicos são bem conhecidos pelo seu papel na assistência às plantas na absorção de fósforo (p), que não é móvel no solo e um bom nível de micorrizas pode melhorar a nutrição da cultura. A absorção de azoto, ferro, cobre, zinco e água também é melhorada pelos fungos micorrízicos. Nos últimos anos, descobriu-se que as micorrizas produzem glomalina, que melhora a estabilidade estrutural do solo. Para além de uma maior absorção de nutrientes e de outros nutrientes, as micorrizas melhoram a eficiência da utilização da água, aumentam o vigor das plantas, diminuem os agentes patogénicos

das raízes das plantas e podem diminuir a suscetibilidade aos nemátodos. Os fungos ecto-micorrízicos podem beneficiar as plantas promovendo a ramificação das raízes e aumentando a absorção de azoto, fósforo e água devido à sua grande área de superfície e mecanismos celulares internos.

3. Melhorar a resistência das plantas: o tamanho e a massa das hifas dos fungos ajudam a diminuir a suscetibilidade das plantas a pragas, doenças e seca.

4. Melhorar a estrutura do solo: As hifas fúngicas unem as partículas do solo para criar agregados que podem ser absorvidos pela água e que, por sua vez, criam espaços porosos no solo que melhoram a retenção e a drenagem da água.

5. Reduzir a lavoura: A mobilização do solo tem um efeito desastroso para os fungos, uma vez que rompe fisicamente as hifas e quebra o micélio. Por conseguinte, reduzir a lavoura para evitar a rutura das redes de hifas.

6. Reduzir a utilização de fungicidas: Os fungicidas de largo espetro são tóxicos para uma série de fungos. A sua utilização resultará numa diminuição do número dos tipos benéficos. Não se pensa que os herbicidas afectem a distribuição dos diferentes tipos de fungos.

7. Proporcionar um ambiente hospitaleiro: Para garantir que os fungos permaneçam na terra, o ambiente do solo deve ser mantido tão hospitaleiro quanto possível. Isto significa que deve haver alimento suficiente (matéria orgânica), plantas hospedeiras adequadas (se necessário), água e o mínimo de perturbação do solo.

2. MATERIAIS E MÉTODOS

O estudo foi efectuado para estudar os sistemas de cultura de *Litopenaeus vannamei* com prática de troca de água zero em tanques de 7 ha (cada um com um hector), sendo a água reutilizada para outra cultura, localizados em SRK Aqua Farm, Adambakkam, Keehimeni, Thachur Junction, Thiruvallur District (65 km de Chennai), Tamil Nadu, Índia. A profundidade do tanque é de 1,5 m. Os tanques recebem água de um poço. Como primeira medida preparatória, o tanque foi desidratado e seco. A superfície do solo foi exposta à luz do sol até desenvolver fissuras profundas. Os charcos foram depois lavrados com um trator para inclinar o solo até uma profundidade de 15 - 20 cm. Seguiu-se a aplicação manual de cal agrícola 75 kg/ha em cada tanque, a fim de decompor a matéria orgânica do solo do tanque e melhorar o estado oxidativo do fundo do tanque. Vinte e quatro horas mais tarde, a água foi bombeada até uma altura de 15 cm e deixada em repouso durante 24 horas, sendo depois drenada. Em seguida, o tanque foi enchido com água através de um motor de 35 HP (três motores). O enchimento da água até uma altura de 1,3 metros foi conseguido bombeando água durante 5 dias para cada tanque.

2.1. Preparação do tanque

Depois de encher a água, o tanque foi fertilizado com estrume e fertilizantes inorgânicos por um período de uma semana, a fim de fornecer nutrientes para o crescimento de micróbios, algas e zooplâncton. Primeiro, esterco fresco de vaca a uma taxa de 3 ton/ha foi limpo e misturado com água e aplicado. Após dois dias, foram aplicados 10 kg/ha e 5 kg de superfosfato e ureia em cada tanque. Posteriormente, a mistura microbiana (bagaço de óleo moído, farelo de arroz e jiggery 10 kg, 7 kg e 5 kg, respetivamente) foi misturada com água e adicionada a 100 g de levedura, deixada a fermentar durante 24 horas e depois aplicada nos tanques em concentrações, sempre que se verificava uma diminuição do florescimento do plâncton, esta mistura microbiana era novamente diluída e aplicada nos tanques.

2.2. Povoamento e aclimatação dos juvenis

As sementes de *L. vannamei* de água doce (três lakh) foram compradas na Biomarine Aqua hatcheries, Pondicherry (Tamil Nadu, Índia), quinhentas pós-larvas saudáveis e activas com um comprimento médio ± DP = 15±3 mm e um peso médio ± DP = 1,7±0,2 mg foram embaladas em sacos de polietileno (40 x 80 cm) contendo três litros de água e o saco foi insuflado com oxigénio e fechado hermeticamente com a ajuda de um elástico. Foram adicionados náuplios de *artémia* aos sacos de polietileno como alimento para as pós-larvas durante o transporte, que foi efectuado cuidadosamente durante a noite numa carrinha. A duração do transporte foi de seis horas. Cada saco de polietileno contendo sementes foi colocado nos tanques de armazenamento durante cerca de duas horas para aclimatação. Em seguida, o saco de polietileno foi aberto com o mínimo de perturbação e a água do tanque foi deixada entrar abrindo lentamente a boca dos sacos. As sementes foram lentamente libertadas no tanque.

2.3. Aeradores

Um aerador de roda de pás de braço longo com capacidade de 6HP foi operado a partir do início do segundo mês do período de cultivo. Os aeradores funcionaram continuamente em todos os tanques, tendo sido observada uma perda diária de água de 30 a 60 cm devido a infiltração e evaporação. Isto foi compensado pelo bombeamento de água de um poço. Durante o último período de cultivo, a água foi bombeada com mais frequência devido ao esgotamento do oxigénio dissolvido. A cal e o zeólito foram aplicados no tanque sempre que se detectava uma turbidez mais elevada e um cheiro desagradável. A cal e o zeólito melhoram a qualidade do solo e da água dos tanques. Ao mesmo tempo, a mistura de soda [Composição da mistura de soda Ca^{++}, Mg^{++}, Na^+, K^+, Cr e SO_2] (Mistura mineral de C.P. AQUACULTURE (India) Pvt. Ltd., Chennai, Tamil Nadu, India) foi aplicada ao tanque para melhorar o nível mineral na água do tanque.

2.4. Programa de alimentação

A partir do segundo dia, as pós-larvas foram alimentadas com ração artificial peletizada. A ração fornecida foi "Blanca" *Penaeus vannamei* pellets feed C.P. AQUACULTURE (India) Pvt. Ltd, India (código de ração 7701-7704). O tamanho dos granulados variava entre 0,2 e 3,00 mm. A composição bioquímica do granulado era de 31% de proteínas, 5% de gordura bruta, 11% de humidade e 7% de fibra. Os ingredientes da ração eram farinha de peixe, óleo lipídico de peixe, óleo de lula, fígado de lula em pó, lecitina, vitamina C, mistura de vitaminas e minerais, farinha de trigo e farinha de soja. Trezentos gramas de ração foram distribuídos às 6.30h, 11.30h, 16.30h e 21.30h. Este programa de alimentação foi seguido durante 14 dias. Para a distribuição da ração, foram erguidos quatro postes de três metros dentro do tanque, nos seus quatro cantos. Estes postes estavam ligados a uma corda. Usando um tubo de borracha de autocarro insuflado e segurando a corda, a comida foi distribuída lentamente para chegar uniformemente a todo o tanque. Posteriormente, a ração foi distribuída de manhã e à noite, de acordo com o horário de alimentação. Depois de 15th dias, com base na rede de ensaio e na avaliação da biomassa do camarão, a quantidade de ração foi aumentada, e a distribuição de ração também aumentou para cinco vezes por dia, às 6h30, 11h30, 16h30, 21h30 e 1h30. Para avaliar a biomassa de *L. vannamei,* foram efectuadas redes de ensaio de vinte em vinte dias. Em cada ensaio de arrasto, a rede foi lançada seis vezes e o número total de animais capturados foi pesado para calcular a biomassa. A avaliação da alimentação foi efectuada com base na ocorrência de plâncton e na sua disponibilidade, nos parâmetros físicos e químicos, no comportamento alimentar, na densidade populacional, no ciclo de muda e no peso corporal médio dos animais. O aumento da alimentação foi afetado com base na seguinte fórmula.

Aumento da alimentação = Peso médio × sobrevivência aproximada × percentagem de peso corporal.

2.5. Alimentação animal e probióticos

A partir do segundo dia, foi dada ração artificial peletizada aos juvenis. A ração fornecida foi a C.P. AQUACULTURE (India) Pvt. Ltd, Índia (7703). O tamanho dos granulados variava entre 0,4 e 0,6 mm. A composição bioquímica do granulado era de 30% de proteína bruta, 3,5% de gordura, 12% de humidade e 8% de fibra. Os ingredientes da ração eram farinha de peixe, farinha de soja, farinha de casca de camarão, farinha de amendoim, farinha de girassol, farinha de sementes de algodão, vitamina, mistura mineral - cobalto 180 mg, cobre 1200 mg, iodo 320 mg, manganês 180 mg, potássio 100 mg, sódio 509 mg, enxofre 0,922 % e Rint 9000 mg. Cem gramas de ração foram distribuídas de acordo com um plano de alimentação. O probiótico immune shield Probiotic for immunity and gill problems foi misturado com a ração na proporção de 30 ml num kg de ração de 15 kg de vannamei e bem misturado e distribuído durante uma semana (de manhã e à noite) de ração durante o período de cultura. Após 30th dias, os juvenis foram transformados de tanque de sementes em tanque de cultura.

2.6. Colhidas

A colheita completa foi feita em 6 horas. Um dia antes da colheita, o nível da água foi baixado para 0,5 m. Durante a colheita, a hapa foi amarrada numa comporta do tanque. Os camarões colhidos foram mantidos na rede hapa para evitar a mortalidade. A apanha manual também foi efectuada como procedimento pós-colheita para conseguir 100% de colheita, os animais foram lavados em água limpa. Após a colheita completa, os animais foram separados de acordo com o tamanho e embalados em gelo.

2.7. Análise do solo

As amostras de solo dos tanques colhidos foram recolhidas em nove locais de cada tanque, num padrão em ziguezague. O solo foi bem misturado antes da análise. A textura do solo (silte, argila e areia) foi determinada pelo método da pipeta padrão (Jackson, 1967), o pH do solo foi medido com o medidor de pH Elico, o carbono orgânico, o azoto (N) e o potássio foram analisados segundo o método de Jackson (1967) e o fósforo (P) foi estimado segundo Anderson e Ingram (1989). Foram também analisadas as bactérias e os fungos do solo.

2.7.1. Análise bacteriana do solo

Composição do ágar cromogénico Ingredientes	Gms/Litro
Digestão péptica de tecido animal	15.000
Mistura cromogénica	26.800
Ágar	15.000
pH final (a 25 °C)	6.8 ± 0.2

1. Dissolver o meio desidratado num volume adequado de água destilada
2. Aquecer com agitação frequente e ferver durante 1 minuto para dissolver completamente o pó
3. Determinou o pH do meio (pH 6,8±0,2) e esterilizou o meio por autoclavagem a 121 °C durante 15 min.

4. Depois de arrefecido o meio, verter para uma placa de Petri esterilizada e deixar solidificar.

2.7.2. Preparação das amostras

Foram utilizadas técnicas de diluição em série para o isolamento das bactérias. Um grama de solo foi adicionado a 10 ml de água esterilizada (o caldo) e agitado vigorosamente durante pelo menos 1 minuto. A diluição foi então sedimentada durante um curto período de tempo. As diluições em branco estéreis foram marcadas sequencialmente a partir da solução de reserva e de 10^{-1} a 10^{-4} . Transferiu-se um ml do stock para o branco de diluição 10^{-1} utilizando uma pipeta estéril nova. Para cada etapa seguinte, transferiu-se um ml da diluição 10^{-1} para o tubo 10^{-2} , depois do tubo 10^{-2} para o tubo 10^{-3} e do tubo 10^{-3} para o tubo 10^{-4} . Do tubo de diluição 10^{-4} , transferiu-se 0,1 ml da amostra de diluição para o meio de cultura cromogénico e incubou-se a 37 °C durante 24 horas. Foi feita uma identificação presuntiva dos isolados com base na cor e na morfologia das colónias no ágar cromogénico (1&1a-8 & 8a).

2.7.3. Composição genérica das estirpes bacterianas

Foram seleccionadas aleatoriamente colónias bacterianas isoladas com diferentes características morfológicas de crescimento. Os isolados bacterianos seleccionados foram subcultivados por sementeira em placas de ágar nutriente para verificar a pureza das estirpes. As estirpes puras foram então seleccionadas e armazenadas em placas de ágar nutriente a 4° C. Todos os isolados de diferentes sedimentos de lago foram identificados até ao nível genérico. Os isolados bacterianos foram identificados de acordo com Shewan *et al.,*(1960), Simudu e Aiso (1962) e o manual de Bergey (1984).

2.7.4. Análise fúngica do solo

Os fungos mesófilos e termófilos foram isolados de amostras de solo utilizando diferentes meios de cultura a diferentes temperaturas. O meio Czapek-Dox-Agar (CDA) (7) e o meio YpSs (amido solúvel em fosfato de levedura) foram utilizados para o isolamento de fungos mesófilos e termófilos, respetivamente (8).

Nitrato de sódio	2.0g
Di-hidrogenofosfato de potássio	1.0g
Sulfato de magnésio	0.5g
Cloreto de potássio	0.5g
Sulfato ferroso	0.01g
Ágar	20.0g
Sacarose	30.0g

Composição do meio Czapek-Dox-Agar por 1000 ml de água destilada (pH 6,5 antes da autoclavagem) Composição do meio YpSs (yeast phosphate soluble starch agar) por 1000 ml de água destilada (pH 6,5 antes da autoclavagem)

Amido solúvel	-15.0g
Levedura Difco	-4.0g
Fosfato de potássio	-1.0g
Sulfato de magnésio	-0.5g
Ágar	-20g

Um grama de amostra de solo foi cuidadosamente disperso em 10 ml de água destilada esterilizada. A partir desta solução de amostra, 1 ml foi transferido para 9 ml de água esterilizada e bem misturado. A partir daí, pipetou-se 1 ml para 9 ml de água esterilizada e misturou-se bem. A partir desta solução, transferiu-se 1 ml para uma placa de Petri estéril contendo meio de ágar alterado com antibiótico (CDA) (diluições de 10^3). O sulfato de estreptomicina foi utilizado como antibiótico para impedir o crescimento bacteriano no meio. A placa de Petri foi incubada a 29±1° C durante uma semana. Foram mantidas seis réplicas para cada amostra de fungos mesófilos. Para a cultura de fungos termofílicos, seguiu-se o mesmo procedimento, mas as placas de Petri foram incubadas a 47±2º C durante uma semana. Os fungos foram montados utilizando a coloração azul de algodão com lactofenol e foram observados ao microscópio de luz. Foram tiradas fotomicrografias em diferentes ampliações. Os fungos foram identificados utilizando manuais padrão (Cooney e Emerson, 1964; Ellis, 1971; Subramanian, 1971; Barnett e Hunter, 1972; Onions *et al.*, 1981).

3. RESULTADOS E DISCUSSÃO

O presente trabalho foi realizado com base na análise microbiana do solo em *L. vannamei* em tanques de cultura de água doce com troca zero de água na quinta SRK Aqua na aldeia de Adambakkam, perto de Thachur Junction, distrito de Thiruvalluvar. Foram introduzidas 2,5 lakh de sementes de *L. vannamei* em cada tanque alimentado com C.P. *L. vannamei alimentado* com probiótico Immuno Shield, Water Shield e Bottom Shield para prevenir doenças imunológicas e das brânquias, probiótico da água e probiótico do solo foram utilizados durante o período de cultura. A taxa de sobrevivência foi de 82, 85, 83, 80, 89, 84 e 87 por cento nos tanques 1, 2, 3, 4, 5, 6 e 7. No tanque colhido, o pH do solo mostrou 7-7,3 em todos os tanques de cultura (Tabela 3). Nestes tanques de cultura, o tanque 5 mostrou a maior percentagem de sobrevivência quando comparado com os outros tanques, enquanto que o tanque 4 mostrou a percentagem mais baixa de todos os tanques. A análise do solo macro nutrientes e micro nutrientes mostrou resultados interessantes (Tabela 4-10).

Os valores mais elevados de azoto (N) foram registados em 93 e 89 mg/kg no tanque 1 e no tanque 7. Os outros tanques apresentaram 56 e 68 mg/kg nos tanques 2, 4, 5, 3 e 6. O potássio (P) mais alto foi registado no tanque 6th (41 mg/kg) e o potássio mais baixo foi registado no tanque 7th (15 mg/kg). Além disso, o tanque 2nd mostrou 20mg/kg de potássio enquanto os outros tanques mostraram 39mg/kg, 31 mg/kg e 30 mg/kg nos tanques 1, 3 e 5. Os valores mais altos e mais baixos de fósforo (K) foram registados nos tanques 3rd e 5th (323 e 238 mg/kg). Os valores dos outros tanques foram 312, 315, 274, 247 e 273 mg/kg nos tanques 1, 2, 4, 6 e 7.

Os valores e gráficos dos micro-nutrientes Ferro (Fe), Manganês (Mn), Zinco (Zn) e Cobre (Cu) foram mostrados na Tabela 4-10. Os valores de Ferro mostraram 11.50, 11.40, 10.52, 10.37, 9.55, 9.37 ppm e 8.20 nos tanques 7, 1, 4, 3, 6, 5 e 2, neste tanque 7 e tanque 2 mostraram os valores mais altos e mais baixos entre as análises. Os valores de manganês (Mn) mostraram 1,18 a 3,17 ppm nestas análises, neste tanque 4th e 7th mostraram os valores mais altos (3,17 ppm) e mais baixos (1,18 ppm). As outras lagoas apresentam valores de 2,17 a 2,83 ppm nas lagoas 1, 2, 3, 5 e 6th . Os valores de zinco (Zn) mostraram 1.44, 1.26, 1.29, 1.40, 1.28, 1.23 e 1.31ppm nos tanques 1, 6 e 7. Neste tanque, o tanque 1 e o tanque 4 apresentaram os valores mais altos quando comparados com os outros tanques. Os valores mais baixos registados no tanque 2 foram de 1,23 ppm. Os valores de cobre (Cu) são 1.33 > 1.35 > 1.4 > 1.41 > 1.47 > 1.5 > 2.33 pp min no tanque 4, tanque 2, tanque 3, tanque 6, tanque 7, tanque 5 e tanque 1.

A análise do solo bacteriano de sete tanques revelou seis géneros e espécies: *Escherichia coli, Klebsiella pneumonia, Enterococcus faecalis, Proteus vulgaris, Pseudomonas aeruginosa* e *Staphylococcus aureus*. Esta espécie identificada e diferenças morfológicas através das colónias e cor Tabela 1 e 2. No estudo dos isolados bacterianos, o tanque 7 apresentou a maior identificação de espécies em comparação com os outros tanques. As amostras de solo dos lagos 1, 2 e 5 apresentaram 4 géneros e espécies, enquanto as amostras de solo dos outros três lagos apresentaram dois géneros e espécies, Tabela 1 e 2.

Tabela 1. Caracterização morfológica de isolados bacterianos de amostras de solo de *L. vannamei*

S. Não	Isolados	Morfologia/Cor
1.	*E. coli*	Colónia cor-de-rosa
2.	*Klebsiella pneumonia*	Colónia azul com mucoide
3.	*Pseudomonas aeruginosa*	Colónia sem cor
4.	*Proteus vulgaris*	Colónia castanha
5.	*Enterococcus faecalis*	Pequena colónia azul
6.	*Staphylococcus aureus*	Colónia branca

Tabela 2. Isolamento de isolados bacterianos em amostras de solo de *L. vannamei*

S. Não	Nome da amostra	Isolados bacterianos

1.	Lagoa -1	*Klebsiella pneumonia, Enterococcus faecalis, Staphylococcus aureus, Pseudomonas aeruginosa*
2.	Lagoa - 2	*Proteus vulgaris, Klebsiella pneumonia, Pseudomonas aeruginosa, Staphylococcus aureus*
3.	Lagoa - 3	*Proteus vulgaris, Enterococcus faecalis*
4.	Lagoa - 4	*Proteus vulgaris, Enterococcus faecalis*
5.	Lagoa - 5	*Klebsiella pneumonia, E. coli, Staphylococcus aureus, Proteus vulgaris*
6.	Lagoa - 6	*Staphylococcus aureus, Klebsiella pneumonia*
7.	Lagoa - 7	*Klebsiella pneumonia, E. coli, Proteus vulgaris, Enterococcus faecalis, Pseudomonas aeruginosa*

Domínio : Bactérias

P hylum : Proteo bactérias

Classe : Gamma proteo bacteriana

Ordem : Entero bacteriales

Família : Enterobacteriaceae

Género : *Klebsiella*

Espécies : *K. pneumonia*

A Klebsiella pneumonia é uma bactéria Gram-negativa, não-móvel, encapsulada, fermentadora de lactose, anaeróbia facultativa e em forma de bastonete. Aparece sob a forma de lactose mucoide fermentada em ágar MacConkey. Embora se encontre na flora normal da boca, da pele e dos intestinos, pode causar alterações destrutivas nos pulmões humanos e animais se for aspirada, especificamente nos alvéolos, resultando em expetoração sanguinolenta. No contexto clínico, é o membro mais significativo do género *Klebsiella* das *Enterobacteriaceae*. A *Klebsiella oxytoca* e a *K. rhinoscleromatis* também foram demonstradas em amostras clínicas humanas. Nos últimos anos, as espécies de *Klebsiella tornaram-se* agentes patogénicos importantes nas infecções nosocomiais. Ocorre naturalmente no solo e cerca de 30% das estirpes podem fixar azoto em condições anaeróbias. Sendo um diazotrófico de vida livre, o seu sistema de fixação de azoto tem sido muito estudado e tem interesse agrícola, uma vez que se demonstrou que *a K. pneumoniae* aumenta o rendimento das culturas em condições agrícolas. Está estreitamente relacionada com a *K.* oxytoca, da qual se distingue por ser indolnegativa e pela sua capacidade de crescer em melezitose, mas não em 3-hidroxibutirato.

Regra geral, as infecções por *Klebsiella* são observadas sobretudo em pessoas com um sistema imunitário fraco. Na maioria das vezes, a doença afecta homens de meia-idade e idosos com doenças debilitantes. Pensa-se que esta população de doentes tem defesas respiratórias do hospedeiro debilitadas, incluindo pessoas com diabetes, alcoolismo, doenças malignas, doenças hepáticas, doenças pulmonares obstrutivas crónicas, terapia com glucocorticóides, insuficiência renal e certas exposições profissionais (como trabalhadores de fábricas de papel). Muitas destas infecções são contraídas quando uma pessoa está no hospital por qualquer outra razão (uma infeção nosocomial). As fezes são a fonte mais significativa de infeção do doente, seguida do contacto com instrumentos contaminados. A doença mais comum causada pela bactéria *Klebsiella* fora do hospital é a pneumonia, normalmente sob a forma de broncopneumonia e também de bronquite. Estes doentes têm uma maior tendência para desenvolver abcessos pulmonares, cavitações, empiemas e aderências pleurais. Tem uma taxa de mortalidade de cerca de 50%, mesmo com terapêutica antimicrobiana. Para além da pneumonia, *a Klebsiella* pode também causar infecções no trato urinário, no trato biliar inferior e em locais de feridas cirúrgicas. O leque de doenças clínicas inclui pneumonia, tromboflebite, infeção do trato urinário, colecistite, diarreia, infeção do trato respiratório superior, infeção de feridas, osteomielite, meningite, bacteriemia e septicemia. Para os doentes com um dispositivo invasivo no corpo, a contaminação do dispositivo torna-se um risco; por exemplo, os dispositivos da enfermaria neonatal, o equipamento de suporte respiratório e os cateteres urinários colocam os doentes em risco acrescido. Além disso, a utilização de antibióticos pode ser um fator que aumenta o risco de infeção nosocomial com bactérias *Klebsiella*. A sépsis e o choque sético podem seguir-se à entrada da bactéria no sangue.

Uma investigação levada a cabo no King's College, em Londres, implicou o mimetismo molecular entre o HLA-B27 e duas moléculas de superfície da *Klebsiella* como causa da espondilite anquilosante. *A Klebsiella ocupa o* segundo lugar, a seguir à *E. coli,* nas infecções do trato urinário em pessoas idosas. É também um agente patogénico oportunista para doentes com doença pulmonar crónica, patogenicidade entérica, atrofia da mucosa nasal e rinoscleroma. *Estão a* surgir novas estirpes de *K. pneumoniae* resistentes aos antibióticos.

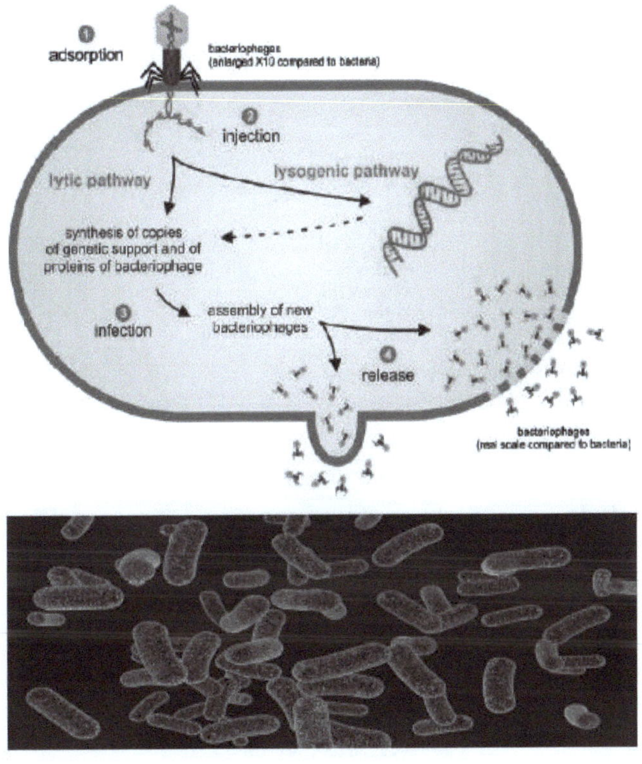

Tabela 3. p^H análise no solo da lagoa.

S. Não.	Lagoas	Valores
1	Lagoa 1	7.1

2	Lagoa 2	7.3
3	Lagoa 3	7.2
4	Lagoa 4	7.3
5	Lagoa 5	7.1
6	Lagoa 6	7.2
7	Lagoa 7	7.0

Quadro 4. Análise do solo do tanque 1

	Parâmetros	Valores
Macro nutrientes	Azoto (N)	89 mg/kg
	Potássio (P)	39 mg/kg
	Fósforo (K)	312 mg/kg
Micro nutrientes	Ferro (Fe)	11,40 ppm
	Manganês (Mn)	2,50 ppm
	Zinco (Zn)	1,44 ppm
	Cobre (Cu)	2,33 ppm

Tabela 5. Análise do solo na lagoa 2

	Parâmetros	Valores
Macro nutrientes	Azoto (N)	56 mg/kg
	Potássio (P)	20 mg/kg
	Fósforo (K)	315 mg/kg
Micro nutrientes	Ferro (Fe)	8,20 ppm
	Manganês (Mn)	2,50 ppm
	Zinco (Zn)	1,26 ppm
	Cobre (Cu)	1,35 ppm

Tabela 6. Análise do solo na lagoa 3

	Parâmetros	Valores
Macro nutrientes	Azoto (N)	68 mg/kg
	Potássio (P)	39 mg/kg
	Fósforo (K)	323 mg/kg
Micro nutrientes	Ferro (Fe)	10,37 ppm
	Manganês (Mn)	2,67 ppm
	Zinco (Zn)	1,29 ppm
	Cobre (Cu)	1,40 ppm

Tabela 7. Análise do solo na lagoa 4

	Parâmetros	Valores
Macro nutrientes	Azoto (N)	56 mg/kg
	Potássio (P)	30 mg/kg
	Fósforo (K)	279 mg/kg

Micro nutrientes	Ferro (Fe)	10,52 ppm
	Manganês (Mn)	3,17 ppm
	Zinco (Zn)	1,40 ppm
	Cobre (Cu)	1,33 ppm

Tabela 8. Análise do solo na lagoa 5

	Parâmetros	Valores
Macro nutrientes	Azoto (N)	56 mg/kg
	Potássio (P)	31 mg/kg
	Fósforo (K)	238 mg/kg
Micro nutrientes	Ferro (Fe)	9,37 ppm
	Manganês (Mn)	2,17 ppm
	Zinco (Zn)	1,28 ppm
	Cobre (Cu)	1,5 ppm

Tabela 9. Análise do solo na lagoa 6

	Parâmetros	Valores
Macro nutrientes	Azoto (N)	68 mg/kg
	Potássio (P)	41 mg/kg
	Fósforo (K)	247 mg/kg
Micro nutrientes	Ferro (Fe)	9,55 ppm
	Manganês (Mn)	2,83 ppm
	Zinco (Zn)	1,23 ppm
	Cobre (Cu)	1,41 ppm

Tabela 10. Análise do solo na lagoa 7

	Parâmetros	Valores
Macro nutrientes	Azoto (N)	93 mg/kg
	Potássio (P)	15 mg/kg
	Fósforo (K)	273 mg/kg
Micro nutrientes	Ferro (Fe)	11,50 ppm
	Manganês (Mn)	1,83 ppm
	Zinco (Zn)	1,31 ppm
	Cobre (Cu)	1,34 ppm

Domínio : Bactérias

Reino: Eubactérias

Filo : Firmicutes

Classe : Bacilos

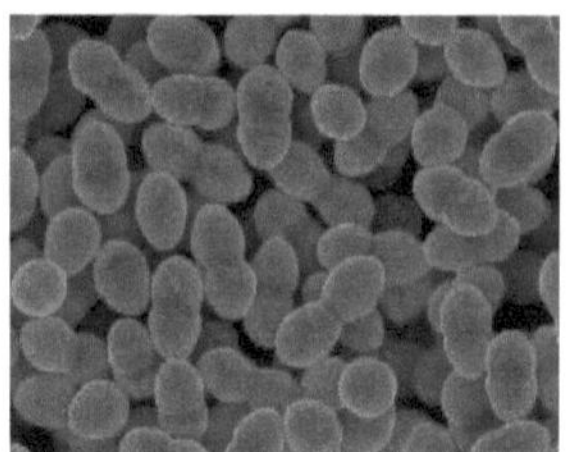

O Enterococcus faecalis - anteriormente classificado como parte do sistema *Streptococcus* do grupo - *D* é uma bactéria Gram-positiva, comensal, que habita o trato gastrointestinal dos seres humanos e de outros mamíferos. Tal como outras espécies do género Enterococcus, *a E. faecalis* encontra-se em seres humanos saudáveis, mas pode causar infecções potencialmente fatais, especialmente no ambiente nosocomial (hospitalar), onde os níveis naturalmente elevados de resistência aos antibióticos encontrados na *E. faecalis* contribuem para a sua patogenicidade. *A E. faecalis* tem sido frequentemente encontrada em dentes reinfectados e tratados com canais radiculares, com valores de prevalência que variam entre 30% e 90% dos casos. Os dentes tratados com canais radiculares reinfectados têm uma probabilidade cerca de nove vezes maior de albergar *E. faecalis* do que os casos de infecções primárias. *Os enterococos* são cocos Gram-positivos que conseguem sobreviver a condições adversas na natureza. Podem ser encontrados no solo, na água e nas plantas. Algumas estirpes são utilizadas no fabrico de alimentos, enquanto outras são a causa de infecções graves em seres humanos e animais (por exemplo, sabe-se que colonizam o trato gastrointestinal e genital dos seres humanos).

Estão associados tanto a infecções adquiridas na comunidade como em hospitais. *Os enterococos* podem crescer num intervalo de temperatura de 10 a 42 °C e em ambientes com valores de pH alargados. Alguns são conhecidos por serem móveis. Embora existam mais de 15 espécies do género *Enterococcus*, 80 a 90 % dos isolados clínicos são *E. faecalis*. *Os enterococos* formam normalmente cadeias curtas ou estão dispostos aos pares. No entanto, em determinadas condições de crescimento, alongam-se e têm um aspeto *cocobacilar.* Em geral, *os enterococos* são alfa-hemolíticos. Alguns possuem o antigénio de campo do grupo D Lance e podem ser detectados através de testes de aglutinação baseados em anticorpos monoclonais. *Os enterococos* são tipicamente catalase negativos e são anaeróbios. Podem crescer em NaCl a 6,5%, podem hidrolisar a esculina na presença de 40% de sais biliares e são *pirrolidonil arilamidase* e *leucina arilamidase* positivas. Os enterococos provaram representar um desafio terapêutico devido à sua resistência a muitos fármacos antimicrobianos, "incluindo agentes activos da parede celular, amino-glicosídeos, penicilina e ampicilina e vancomicina".

Os enterococos têm a capacidade de adquirir uma grande variedade de factores de resistência antimicrobiana, que apresentam sérios problemas no tratamento de doentes com infecções enterocócicas. Em geral, os isolados enterocócicos com baixa suscetibilidade à vancomicina podem ser classificados como van-A, van-B e van-C. O van-A e o van-B representam a maior ameaça porque são os mais resistentes e os genes de resistência são transportados num plasmídeo. Uma vez que os genes de resistência são transportados num plasmídeo, são facilmente transferíveis, *o E. faecalis* pode transferir estes plasmídeos por conjugação.

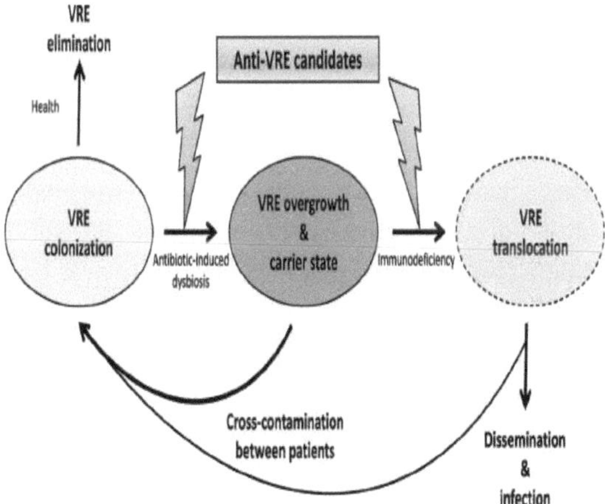

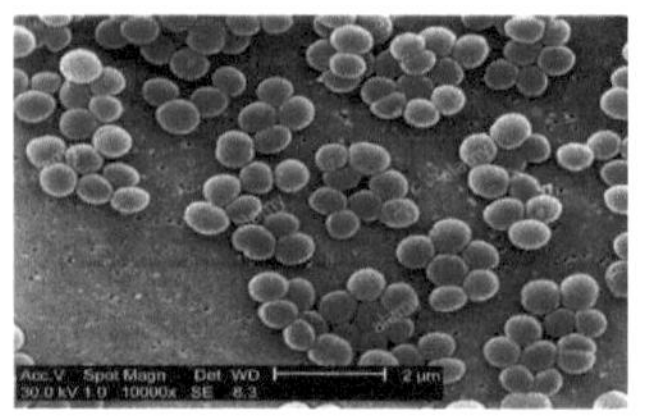

Domínio : Bactérias
Filo : Firmicutes
Classe : Bacilos
Ordem : Bacillales
Família   :
Staphylococcaceae
Género : *Staphylococcus*
Espécies : *S. aureus*

O Staphylococcus aureus está entre os agentes patogénicos mais comuns adquiridos em hospitais. É um habitante normal da pele e das membranas mucosas do nariz de um ser humano saudável. *O S. aureus* é infecioso tanto para os animais como para os seres humanos e só pode sobreviver na pele seca. Pode propagar-se através de superfícies contaminadas, através do ar e através das pessoas. Aproximadamente 30% da população saudável normal é afetada pelo *S.aureus*, uma vez que coloniza sintomaticamente a pele de hospedeiros humanos. Embora alguma colonização do hospedeiro possa ser benigna, uma punção ou rutura na pele pode levar esta bactéria a entrar numa ferida e causar infecções. A melhor medida preventiva é simplesmente a lavagem regular das mãos (de preferência sem sabonetes antibacterianos ou desinfectantes para as mãos, mas isso é outra história) e o banho diário *O Staphylococcus aureus* é a causa mais comum de infecções por estafilococos e é responsável por várias doenças, incluindo: infecções cutâneas ligeiras (impetigo, foliculite, etc.), doenças invasivas (infecções de feridas, etc.), infecções de pele (infecções de pele), infecções de pele (infecções de feridas, etc.), infecções de pele (infecções de pele) e infecções de pele (infecções de pele).), doenças invasivas (infecções de feridas, osteomielite, bacteriémia com complicações metastáticas, etc.) e doenças mediadas por toxinas (intoxicação alimentar, síndrome do choque tóxico ou SCT, síndrome da pele escamada, etc.).

As infecções são precedidas de colonização. As infecções superficiais comuns incluem carbúnculos, impetigo, celulite e foliculite. As infecções adquiridas na comunidade incluem bacteriemia, endocardite, osteomielite, pneumonia e as infecções de feridas são menos comuns. *O S. aureus* também causa mastites economicamente importantes em vacas, ovelhas e cabras. No final da década de 1970, uma epidemia de síndrome do choque tóxico (TSS T-1) foi provocada por uma mudança no ambiente do hospedeiro. A mudança de ambiente foi encorajada por uma criação de tecnologia moderna também conhecida como tampão superabsorvente. Este novo e moderno produto de conveniência, que tinha varrido as mulheres do país, criou uma nova área de superfície rica em nutrientes para muitas bactérias se desenvolverem, sendo *a S. aureus* uma das principais residentes. No entanto, a SST dos tampões pode ser facilmente evitada através da utilização correcta dos tampões (leia as instruções e os rótulos de aviso que acompanham os produtos de tampões).

MRSA: A primeira emergência grave de estafilococos resistentes a antibióticos ocorreu com uma estirpe específica que designamos por Staphylococcus aureus resistente à meticilina, abreviadamente designada por MRSA. Esta estirpe expressou uma proteína de ligação à penicilina modificada codificada pelo mec-Agene e está presente em 4 formas de estafilococos. Cassette Chromosome. O MRSA, resistente ao antibiótico meticilina, acabou por ser isolado. Consequentemente, a vancomicina (o antibiótico mais potente do nosso arsenal) tornou-se o principal antibiótico utilizado para combater a infeção por estafilococos. Em 1997, foi isolada uma estirpe de S.aureus resistente à vancomicina, e as pessoas estão novamente expostas à ameaça de uma infeção por estafilococos não tratável. As estirpes de MRSA constituem atualmente um problema de saúde muito significativo. Espera-se que a sequenciação do genoma do S. aureus permita compreender como é que o organismo gera uma tal variedade de toxinas e ajude os investigadores a desenvolver formas de combater esta bactéria versátil.

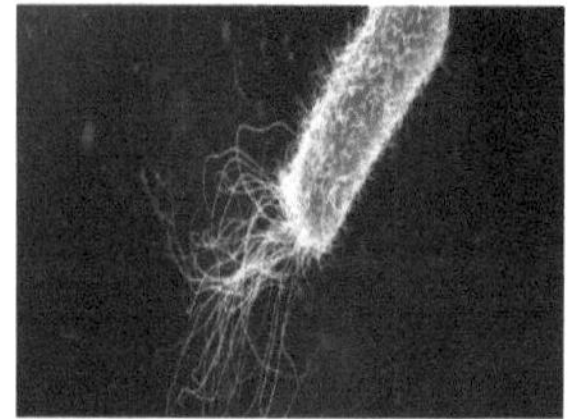

Domínio : Bactérias
Filo : Protobactérias
Classe : Gamma proteobacteria
Ordem : Pseudomonadales
Família : Pseudomonadaceae
Género : *Pseudomonas*
Espécies : *P. aeruginosa*

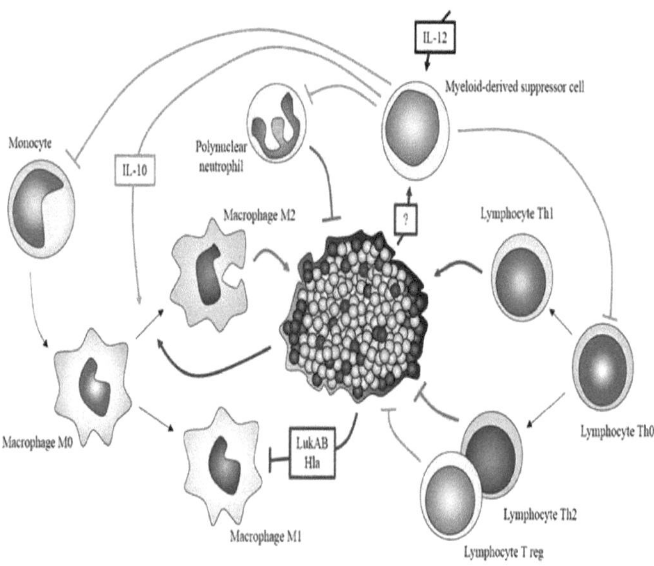

A Pseudomonas aeruginosa é uma bactéria Gram-negativa comum, em forma de bastonete, que pode causar doenças em plantas e animais, incluindo seres humanos. Espécie de considerável importância médica, *a P. aeruginosa* é um agente patogénico multirresistente, reconhecido pela sua ubiquidade, pelos seus mecanismos intrinsecamente avançados de resistência aos antibióticos e pela sua associação a doenças graves - infecções adquiridas em hospitais, como a pneumonia associada à ventilação mecânica e várias síndromes de sépsis. O organismo é considerado oportunista, na medida em que a infeção grave ocorre frequentemente durante doenças ou condições existentes - principalmente fibrose cística e queimaduras traumáticas. Afecta geralmente os imunocomprometidos, mas pode também infetar os imunocompetentes, como na foliculite da banheira de hidromassagem. O tratamento das infecções por *P. aeruginosa* pode ser difícil devido à sua resistência natural aos antibióticos. Quando são necessários regimes de antibióticos mais avançados, podem ocorrer efeitos adversos. É citrato, catalase e oxidase positiva. Encontra-se no solo, na água, na flora cutânea e na maioria dos ambientes artificiais em todo o mundo.

Desenvolve-se não só em atmosferas normais, mas também em atmosferas com baixo teor de oxigénio, pelo que colonizou muitos ambientes naturais e artificiais. Utiliza uma grande variedade de materiais orgânicos como alimento; nos animais, a sua versatilidade permite que o organismo infecte tecidos danificados ou com imunidade reduzida. Os sintomas de tais infecções são inflamação generalizada e sépsis. Se essa colonização ocorrer em órgãos críticos do corpo, como os pulmões, o trato urinário e os rins, os resultados podem ser fatais. Como a eitthri veson superfícies húmidas, esta bactéria também se encontra sobre e em equipamento médico, incluindo cateteres, causando infecções cruzadas em hospitais e clínicas. Também é capaz de decompor hidrocarbonetos e tem sido utilizada para decompor bolas de alcatrão e óleo de comprimidos de petróleo. *A P. aeruginosa* não é extremamente virulenta em comparação com outras espécies de bactérias patogénicas importantes - por exemplo, *Staphylococcus aureus* e *Streptococcus* pyogenes - *embora a P. aeruginosa* seja capaz de uma colonização extensa e possa agregar-se em biofilmes duradouros. Uma vez que *a P. aeruginosa* pode viver tanto em ambientes inanimados como humanos, foi caracterizada como um microrganismo "ubíquo".

Esta versatilidade é possível graças a muitas enzimas que permitem à *P. aeruginosa* utilizar uma diversidade de substâncias como nutrientes. O mais impressionante é o facto de *a P. aeruginosa* poder passar de um crescimento em ambientes não mucóides para um crescimento em ambientes mucóides, o que implica uma grande síntese de alginato. Em ambiente inanimado, *a P. aeruginosa* é normalmente detectada em reservatórios de água poluídos por animais e seres humanos, tais como esgotos e lavatórios dentro e fora de hospitais. Também pode ser encontrada em piscinas e banheiras de hidromassagem porque as temperaturas quentes são favoráveis ao seu crescimento. No entanto, por se desenvolver em condições quentes, foi determinado como sendo o culpado da erupção cutânea da banheira de hidromassagem, em que o contacto direto entre a pele e a água infetada da banheira faz com que a pele infetada provoque comichão e fique com uma cor vermelha irregular. Além disso, *a P. aeruginosa* é um agente patogénico humano oportunista que causa infecções crónicas em doentes com fibrose cística e é a principal causa de morte por bactérias Gram-negativas (mais em patologia).

Os grupos de *P. aeruginosa* tendem a formar biofilmes, que são comunidades bacterianas complexas que aderem a uma variedade de superfícies, incluindo metais, plásticos, materiais de implantes médicos e tecidos. Os biofilmes caracterizam-se por estarem "agarrados para sobreviver" porque, uma vez formados, são muito difíceis de destruir. Dependendo da sua localização, os biofilmes podem ser benéficos ou prejudiciais para o ambiente. Por exemplo, os biofilmes encontrados em rochas e seixos debaixo de água de lagos e lagoas são uma importante fonte de alimento para muitos organismos aquáticos. Pelo contrário, os que se desenvolvem no interior dos canos

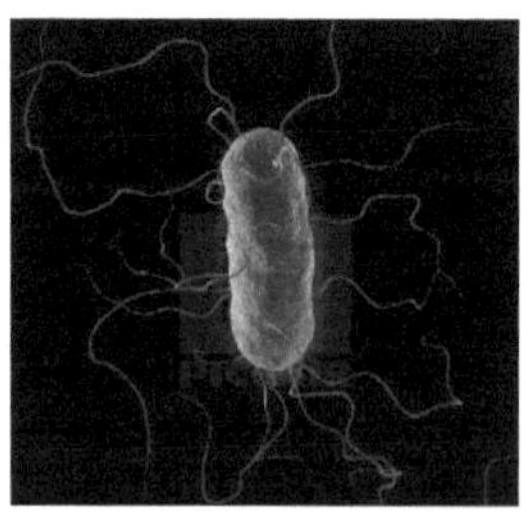

Reino : Bactéria
Filo : Proteobactérias
Classe : Gammaproteobacteria
Ordem : Enterobacteriales
Família : Enterobacteriaceae
Género : *Proteus*
Espécie : *vulgaris*

de água podem causar entupimentos e corrosões.

Proteus vulgaris é uma bactéria Gram-negativa, em forma de bastonete, redutora de nitratos, indol e catalase positiva, produtora de sulfureto de hidrogénio, que habita o trato intestinal de humanos e animais. Pode ser encontrada no solo, na água e na matéria fecal. Faz parte do grupo das *Enterobacteriaceae* e é um agente patogénico oportunista dos seres humanos. É conhecida por causar infecções de feridas e outras espécies do seu género são conhecidas por causar infecções do trato urinário. O termo Proteus significa a mutabilidade da forma, personificada nos poemas homéricos em Proteus, "o velho do mar", que cuida dos rebanhos de focas de Poseidon e tem o dom da transformação infinita.

A primeira utilização do termo "Proteus" na nomenclatura bacteriológica foi feita por Hauser 1885, que descreveu sob este termo três tipos de organismos que isolou de carne putrefacta. Uma das três espécies identificadas por Hauser foi *Proteus vulgaris*, pelo que este organismo tem uma longa história na microbiologia. Nas últimas duas décadas, o género Proteus, e em particular *P. vulgaris*, sofreu várias revisões taxonómicas importantes. Em 1982, *P. vulgaris* foi separado em três biogrupos devido à produção de indol. O biogrupo um era negativo ao indol e representava uma nova espécie, *P. penneri*, enquanto os biogrupos dois e três permaneceram juntos como *P. vulgaris*. De acordo com os testes de fermentação laboratoriais, *P. vulgaris* fermenta glucose e uma mirgdalina, mas não fermenta manitol ou lactose. *P. vulgaris* também apresenta resultados positivos no teste do vermelho de etilo (fermentação ácida mista) e é também um organismo extremamente móvel. As condições óptimas de crescimento deste organismo são num ambiente facultativo e aeróbico com uma temperatura média de cerca de 40 °C. O sistema BBL Entero tube II da Becton/Dickinson para a identificação de membros da família Entero bacteriaceae inoculados com *P. vulgaris* pode produzir os seguintes resultados

➢ Positivo para a fermentação da glucose (com produção de gás)
➢ Negativo para lisina e ornitina
➢ Positivo na produção de sulfureto de hidrogénio e na produção de indol
➢ Negativo para lactose, arabinose, adonitol, sorbitol e dulcitol
➢ Positivo nas provas da fenilalanina e da ureia de Harnstoff

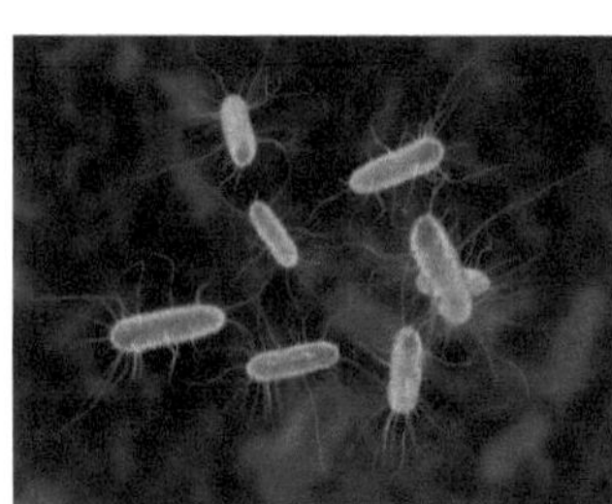

Domínio : Bactérias

Filo : Proteobactérias

Classe : Bactérias Gammaproteo

Ordem : Enterobacteriales

Família : Enterobacteriaceae

Género : *Escherichia*

Espécie: *coli*

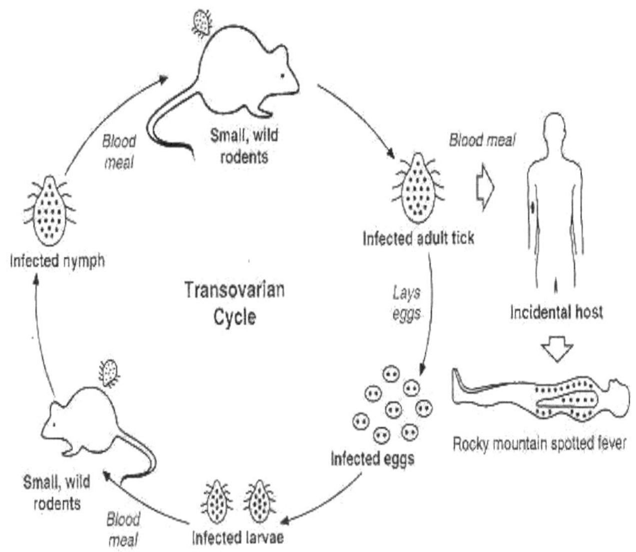

A Escherichia coli (também conhecida como *E. coli)* é uma bactéria coliforme Gram-negativa, facultativa, aeróbia, em forma de bastonete, do género Escherichia, que se encontra habitualmente no intestino inferior de organismos de sangue quente (endotérmicos). A maioria das estirpes *de E. coli* são inofensivas, mas alguns serotipos podem causar intoxicações alimentares graves nos seus hospedeiros e são ocasionalmente responsáveis pela recolha de produtos devido à contaminação alimentar. As estirpes inofensivas fazem parte do microbiota normal do intestino e podem beneficiar os seus hospedeiros através da produção de vitamina K $_2$e da prevenção da colonização do intestino por bactérias patogénicas que mantêm uma relação simbiótica. *A E. coli* é expelida para o ambiente através da matéria fecal. A bactéria cresce maciçamente em matéria fecal fresca sob condições aeróbicas durante 3 dias, mas o seu número diminui lentamente depois disso. *A E. coli* e outros anaeróbios facultativos constituem cerca de 0,1% do microbiota intestinal e a transmissão fecal-oral é a principal via através da qual as estirpes patogénicas da bactéria causam doenças. As células são capazes de sobreviver fora do corpo durante um período de tempo limitado, o que as torna potenciais organismos indicadores para testar amostras ambientais quanto à contaminação fecal. No entanto, um número crescente de investigações examinou *a E. coli* persistente no ambiente, que pode sobreviver durante longos períodos fora do hospedeiro.

A bactéria pode ser cultivada e cultivada de forma fácil e barata num ambiente laboratorial e tem sido intensamente investigada há mais de 60 anos. *A E. coli* é um quimioheterotrófico cujo meio quimicamente definido deve incluir uma fonte de carbono e energia. *A E. coli* é o organismo modelo procariótico mais amplamente estudado e uma espécie importante nos domínios da biotecnologia e da microbiologia, onde tem servido de organismo hospedeiro para a maioria dos trabalhos com ADN recombinante. Em condições favoráveis, demora até 20 minutos a reproduzir-se. *A Escherichia coli* pode ser encontrada normalmente no intestino delgado de seres humanos e mamíferos. Quando *a E. coli* se encontra no intestino grosso humano, pode ajudar nos processos de digestão, na decomposição e absorção dos alimentos e na produção de vitamina K.

Podem ser encontradas diferentes estirpes de *E. coli* em diferentes tipos de animais, pelo que podemos determinar a origem (humana ou de outros animais) das fezes examinando a estirpe de *E. coli* presente nas fezes. *A E. coli* também pode ser encontrada em ambientes com temperaturas mais elevadas, como nas margens de fontes termais. *A E. coli* é normalmente utilizada como um indicador no domínio da purificação da água. O índice de *E. coli* pode indicar a quantidade de fezes humanas presentes na água. A razão pela qual *a E. coli* é usada como indicador deve-se ao facto de haver uma quantidade significativamente maior de *E. coli* nas fezes humanas do que de outros organismos bacterianos. A maioria das estirpes de "*E. coli*" não é prejudicial para os seus hospedeiros; no entanto, cada vez mais estirpes recentemente descobertas estão a contribuir para a população existente através de mutação e evolução. Algumas podem causar doenças graves, como a *E. coli*. Embora *a E. coli* no intestino grosso humano possa ajudar no processamento de resíduos e na absorção de alimentos, algumas estirpes de *E. coli* podem causar infecções graves em muitos animais, como seres humanos, ovelhas, cavalos, cães, etc.

A que só se encontra nos seres humanos chama-se *E. coli* enteroagregativa. A infeção do trato urinário, por exemplo, pode ser causada por infecções ascendentes da uretra. Estas infecções podem ser encontradas tanto em homens como em mulheres adultos e alguns bebés também podem ser infectados. *A E. coli* é uma das estirpes mais infecciosas que pode causar intoxicação alimentar. Pertence à estirpe entero-hemorrágica da *E. coli* e pode provocar diarreia sanguinolenta e insuficiência renal quando alguém é infetado por carne de vaca moída contaminada, leite não pasteurizado ou água contaminada. A toxina que *a E. coli* produz é uma toxina do tipo Shiga, que é uma toxina regulada que inativa cataliticamente as subunidades ribossómicas 60S da maioria das células eucarióticas, bloqueando a tradução do ARNm e causando assim a morte celular. Normalmente, as causas podem desaparecer por si próprias em 1-3 dias, sem necessidade de tratamento. No entanto, os doentes devem evitar os produtos lácteos, uma vez que estes produtos podem induzir uma intolerância temporária à lactose, agravando assim a diarreia.

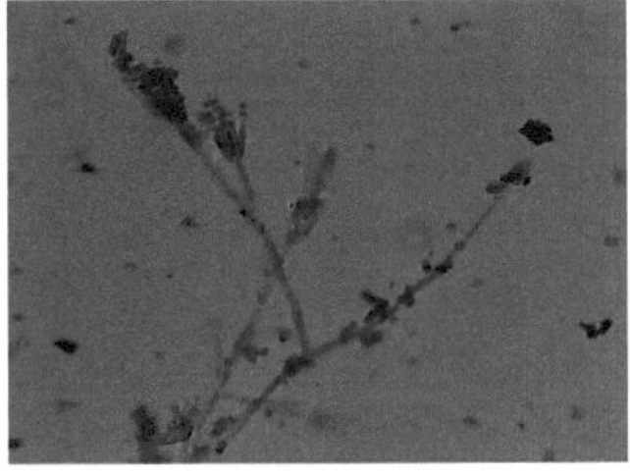

Reino : Fungi
Divisão : Ascomycota
Classe : Eurotiomycetes
Ordem : Eurotiales
Família : Trichomaceae
Género : *Aspergillus*
Espécie : *A. fumigatus*

O Aspergillus fumigatus é uma espécie de fungo do género *Aspergillus* e é uma das espécies de *Aspergillus* mais comuns a causar doenças em indivíduos com imunodeficiência. *O A. fumigatus*, um saprótrofo muito difundido na natureza, encontra-se tipicamente no solo e em matéria orgânica em decomposição, como ascompostheaps, onde desempenha um papel essencial na reciclagem do carbono e do azoto. As colónias do fungo são produzidas a partir de conidióforos; milhares de conídios minúsculos cinzento-esverdeados (2 - 3 μm) que se propagam facilmente pelo ar. Durante muitos anos, pensou-se que *o A. fumigatus* só se reproduzia sexualmente, uma vez que nunca se tinha observado nem o acasalamento nem a meiose. Em 2008, foi demonstrado que *o A. fumigatus* possui um ciclo reprodutivo sexual totalmente funcional, 145 anos após a sua descrição original por Fresenius. Embora *o A. fumigatus* ocorra em áreas com climas e ambientes muito diferentes, apresenta uma baixa variação genética e uma falta de diferenciação genética populacional a uma escala global. Assim, a capacidade de sexuação é mantida, embora seja produzida pouca variação genética. O fungo é capaz de crescer a 37 °C ou 99 °F (temperatura normal do corpo humano), e pode crescer a temperaturas até 50 °C ou 122 °F, com conídios sobrevivendo a 70 °C ou 158 °F, condições que encontra regularmente em pilhas de composto auto-aquecido. Os seus esporos estão omnipresentes na atmosfera e estima-se que toda a gente inala várias centenas de esporos por dia; normalmente, estes são rapidamente eliminados pelo sistema imunitário em indivíduos saudáveis. Em indivíduos imunocomprometidos, como os receptores de transplantes de órgãos e as pessoas com SIDA ou leucemia, é mais provável que o fungo se torne patogénico, ultrapassando as defesas enfraquecidas do hospedeiro e causando uma série de doenças geralmente designadas por Aspergilose. Foram postulados vários factores de virulência para explicar este comportamento oportunista.

Quando o caldo de fermentação de *A. fumigatus* foi analisado, foram descobertos vários alcalóides indólicos com propriedades anti-mitóticas. Os compostos de interesse pertencem a uma classe conhecida como triprostatina, sendo a espirotriprostatina B de especial interesse como medicamento anticancerígeno. *O A. fumigatus* que cresce em certos materiais de construção pode produzir micotoxinas genotóxicas e citotóxicas, como a gliotoxina.

Ecologia

O A. fumigatus encontra-se predominantemente no solo. É um fungo saprófita que decompõe o carbono e o azoto de hospedeiros mortos e desempenha um papel fundamental nas pilhas de composto. No entanto, sob a forma de conídios, pode ser transportado pelo ar na atmosfera e aceder a outros hospedeiros, incluindo o corpo humano. Como já foi referido, *o A. fumigatus* é um dos mais comuns do género *Aspergillus* a causar doenças em indivíduos imunocomprometidos. As infecções podem variar desde alergias a infecções potencialmente fatais. É um fungo oportunista que entra no corpo através dos pulmões e, em indivíduos com sistemas imunitários suprimidos, pode espalhar-se rapidamente para a corrente sanguínea, para o cérebro e para o resto do corpo. Três das infecções mais graves, também conhecidas como Aspergilose, incluem a Aspergilose Broncopulmonar Alérgica, o Aspergiloma e a Aspergilose Invasiva ou AI. Sabe-se que a AI tem cerca de três mil casos por ano com uma taxa de mortalidade superior a 50%. Nos últimos anos, tem-se registado um aumento dos casos de Aspergilose em resultado do aumento da utilização de terapêuticas imunossupressoras. As pessoas em risco incluem os receptores de medula óssea, os doentes de transplante de órgãos, os doentes com cancro e os doentes com SIDA. Muitas vezes, o diagnóstico é difícil e ocorre tardiamente. Isto deve-se ao facto de os sintomas comuns de febre e problemas respiratórios (tosse, dor no peito, falta de ar, etc.) não responderem aos antibióticos. O diagnóstico é então frequentemente efectuado através de radiografias e análises ao sangue. O tratamento atual com medicamentos antifúngicos tem uma eficácia limitada.

A infeção ocorre quando os conídios que são libertados para a atmosfera entram nos pulmões. Estima-se que várias centenas de conídios são inalados por um indivíduo ao longo do dia. Na maioria dos casos, o sistema imunitário consegue combater os avanços. No entanto, em indivíduos imunocomprometidos, pensa-se que os conídios conseguem entrar no corpo através da secreção de proteinases capazes de quebrar as barreiras existentes nos pulmões. Como já foi referido, foram identificadas três proteinases que contribuem para a virulência do fungo; no entanto, as estirpes que carecem de qualquer uma destas proteínas avaliam até manter os níveis de virulência. *O A. fumigatus* é um fungo filamentoso que pode ser encontrado em todo o mundo. É considerado um fungo saprófita transportado pelo ar. Por este motivo, vive naturalmente no solo e é um fungo comum encontrado entre o composto e as superfícies das plantas. Aqui desempenha um papel fundamental na reciclagem do carbono e do azoto dos organismos mortos. Os seus conídios podem ser apanhados pelo vento e flutuar no ar. Estima-se que os raros cerca de dez conídios se encontram em cada metro cúbico de ar. *O Aspergillus fumigatus* é também considerado um agente patogénico oportunista para indivíduos imunocomprometidos. Nos últimos anos, este facto tornou-se um ponto de interesse à medida que mais estratégias médicas envolveram a utilização de terapias imunossupressoras. Este facto levou a um aumento das doenças relacionadas com *Aspergillus fumigates*, também conhecidas como Aspergilose. Os fungos acedem a um indivíduo através do trato respiratório e podem provocar várias alergias e doenças de gravidade variável até à morte, inclusive. Quando infetado, as taxas de mortalidade são estimadas em até 50%. Atualmente, os tratamentos consistem em medicamentos antifúngicos e continuam a ser relativamente ineficazes. A sequenciação do fungo foi concluída em 2005 com a utilização da estirpe AF 293 isolada clinicamente. Com isto, a atenção voltou-se para a compreensão do ciclo de vida e dos sistemas metabólicos presentes na espécie, a fim de desenvolver uma forma de tratamento bem sucedida.

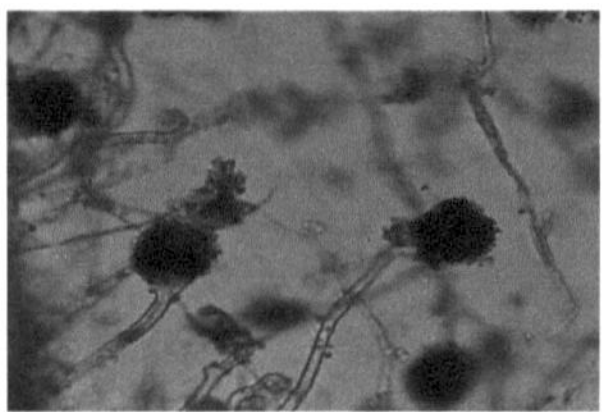

Reino : Fungi
Divisão : Ascomycota
Classe : Eurotiomycetes
Ordem : Eurotiales
Família : Trichocomaceae
Género : *Aspergillus*
Espécie : *A. nidulans*

Aspergillus nidulans (também chamado *Emericella nidulans* quando se refere à sua forma sexual, ou teleomorfo) é uma das muitas espécies de fungos filamentosos do filo Ascomycota. Há mais de 50 anos que é um importante organismo de investigação para o estudo da biologia celular eucariótica, sendo utilizado para estudar uma vasta gama de temas, incluindo a recombinação, a reparação de ácidos desoxinucleicos, a mutação, o controlo, a tubulina, a cromatina, a nucleocinese, a patogénese, o metabolismo e a evolução experimental. É uma das poucas espécies do seu género capaz de formar esporos sexuais através de meiose, permitindo o cruzamento de estirpes em laboratório. *O A. nidulans* é um fungo homotálico, o que significa que é capaz de se auto-fertilizar e formar corpos de frutificação na ausência de um parceiro de acasalamento. Tem hifas septadas com uma textura de colónia lanosa e micélios brancos. A cor verde das colónias de tipo selvagem deve-se à pigmentação dos esporos, enquanto as mutações na via de pigmentação podem produzir outras cores de esporos. A anidulafungina é um fármaco antifúngico lipopeptídeo semi-sintético da subclasse B da equino candina, derivado de um produto de fermentação da estirpe A32204 de A. *nidulans* var. echinulatus, foi descoberta na Alemanha em 1974; *as equinocandinas* desestabilizam a parede celular fúngica inibindo a síntese de um componente integral chamado glucano, através da inibição competitiva da enzima 1, 3-βglucansintase.

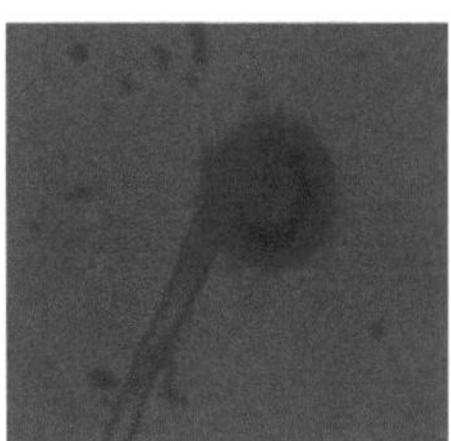

Reino : Fungi
Divisão : Ascomyta
Classe : Eurotiomycetes
Ordem : Eurotiales
Família : Trichomaceae
Género : *Aspergillus*
Espécie : *A. flavus*

O Aspergillus flavus encontra-se em todo o mundo como saprófita nos solos e causa doenças em muitas culturas agrícolas importantes. Os hospedeiros comuns do agente patogénico são os cereais, as leguminosas e os frutos de casca rija. Especificamente, a infeção por *A. flavus* causa o apodrecimento da espiga no milho e o bolor amarelo no amendoim, antes ou depois da colheita. A infeção pode estar presente no campo, durante a colheita, após a colheita, durante o armazenamento e durante o trânsito. É comum que o agente patogénico se origine enquanto as culturas hospedeiras ainda estão no campo; no entanto, os sintomas e sinais do agente patogénico são frequentemente invisíveis. *O A. flavus* tem potencial para infetar plântulas através da esporulação em sementes feridas. Quando se insinua, o agente patogénico pode invadir os embriões das sementes e causar infeção, o que diminui a germinação e pode levar a sementes infectadas plantadas no campo. O agente patogénico pode também descolorir os embriões, danificar as plântulas e matar as plântulas, o que reduz a qualidade e o preço dos grãos. A incidência da infeção por *A. flavus* aumenta na presença de insectos e de qualquer tipo de stress no hospedeiro no campo, em resultado de danos. As situações de stress incluem a podridão da fala, a seca, danos graves nas folhas e/ou condições de armazenamento inferiores às ideais.

Geralmente, as condições de humidade excessiva e as temperaturas elevadas dos grãos e leguminosas armazenados aumentam a ocorrência de *A. flavus* aflatox na produção. Nos mamíferos, o agente patogénico pode causar cancro do fígado através do consumo de alimentos contaminados ou aspergilose através de crescimento invasivo. As colónias de *A. flavus* são geralmente massas pulverulentas de esporos verde-amarelados na superfície superior e dourado-avermelhados na superfície inferior. Tanto nos cereais como nas leguminosas, a infeção limita-se a pequenas áreas, sendo frequente a descoloração e o embotamento das áreas afectadas. O crescimento é rápido e as colónias têm uma textura felpuda ou pulverulenta. O crescimento das hifas ocorre geralmente por ramificação em forma de fio e produz micélios. As hifas são septadas e hialinas. Uma vez estabelecido, o micélio segrega enzimas ou proteínas degenerativas que podem decompor nutrientes complexos (alimentos). Os filamentos de hifas individuais não são normalmente vistos a olho nu; no entanto, os conídios que produzem tapetes de micélios espessos são frequentemente vistos. Os conidiósporos são esporos assexuados produzidos pelo *A. flavus* durante a reprodução. Os conidióforos de *A. flavus* são ásperos e incolores. Os fiálides são unisseriados (dispostos numa fila) e bisseriados. Recentemente, *Petromyces* foi identificado como a fase de reprodução sexual de *A. flavus*, onde os ascósporos se desenvolvem dentro de esclerócios. O estado sexual deste fungo heterotálico surge quando estirpes de tipo de acasalamento oposto são cultivadas em conjunto. A reprodução sexual ocorre entre estirpes sexualmente compatíveis pertencentes a diferentes grupos de compatibilidade vegetativa.

A. flavus é complexo na sua morfologia e pode ser classificado em dois grupos com base no tamanho dos esclerócios produzidos. O grupo I é constituído por estirpes L com esclerócios superiores a 400 μm de diâmetro. O grupo II é constituído por estirpes S com esclerócios com menos de 400 μm de diâmetro. Tanto as estirpes L como as S podem produzir as duas aflatoxinas mais comuns (B1 e B2). A produção de aflatoxinas G1 e G2, que normalmente não são produzidas por *A. flavus*, é exclusiva das estirpes S. A estirpe L é mais agressiva do que a estirpe S, mas produz menos aflatoxinas. A estirpe L também tem um ponto homeostático mais ácido e produz menos esclerócios do que a estirpe S em condições mais limitantes. *O Aspergillus flavus* é único no facto de ser um fungo termo tolerante, pelo que pode sobreviver a temperaturas que outros fungos não conseguem. *O A. flavus* pode contribuir para o apodrecimento em armazém, especialmente quando o material vegetal é armazenado com elevados níveis de humidade. *O A. flavus* cresce e desenvolve-se em climas quentes e húmidos.

Temperatura: *A. flavus* tem uma temperatura mínima de crescimento de 12 °C (54 °F) e uma temperatura máxima de crescimento de 48 °C (118 °F). Embora a temperatura máxima de crescimento seja de cerca de 48 °C (118 °F), a temperatura óptima de crescimento é de 37 °C (98,6 °F). *A. flavus* teve um crescimento rápido a 30 -55 °C, um crescimento lento a 12 - 15 °C, e quase deixa de crescer a 5-8 °C.

Humidade: O crescimento de *A. flavus* ocorre em diferentes níveis de humidade para diferentes culturas. Para cereais ricos em amido, o crescimento ocorre a 13,0 - 13,2%. Para a soja, o crescimento ocorre a 11,5 - 11,8%. Para outras culturas, o crescimento ocorre a 14%. O crescimento de *A. flavus* é predominante em países tropicais.

Importância

As infecções por *A. flavus* nem sempre reduzem apenas o rendimento das culturas; no entanto, as doenças pós-colheita podem reduzir o rendimento total das culturas em 10 a 30% e, nos países em desenvolvimento que produzem culturas perecíveis, a perda total pode ser superior a 30%. Nos cereais e leguminosas, as doenças pós-colheita resultam na produção de micotoxinas. A maior perda económica causada por este agente patogénico resulta da produção de aflatoxinas. Nos Estados Unidos, as estimativas de perda económica anual de amendoins, milho, sementes de algodão, nozes e amêndoas são menos graves quando comparadas com a Ásia e a África.

Depois do *Aspergillus fumigatus*, o *A. flavus* é a segunda principal causa de aspergilose. A infeção primária é causada pela inalação de esporos; os esporos maiores têm mais hipóteses de se depositarem no trato respiratório superior. A deposição de determinados tamanhos de esporos pode ser um dos principais factores que explicam por que razão o *A. flavus* é uma causa etiológica comum de sinusite fúngica e infecções cutâneas e pneumonia fúngica não invasiva. Os países com clima seco, como a Arábia Saudita e a maior parte de África, são mais propensos à aspergilose. Foram caracterizados dois alergénios em *A. flavus*: Aspfl 13 e Aspfl. Em climas tropicais e quentes, foi demonstrado que o *A. flavus* causa queratite em cerca de 80% das infecções. A infeção por A. *flavus* é normalmente tratada com medicamentos antifúngicos, como a anfotericina B, o itraconazol, o voriconazol, o posaconazol e a caspofungina; no entanto, foi demonstrada alguma resistência antifúngica à anfotericina B, ao itraconazol e ao voriconazol.

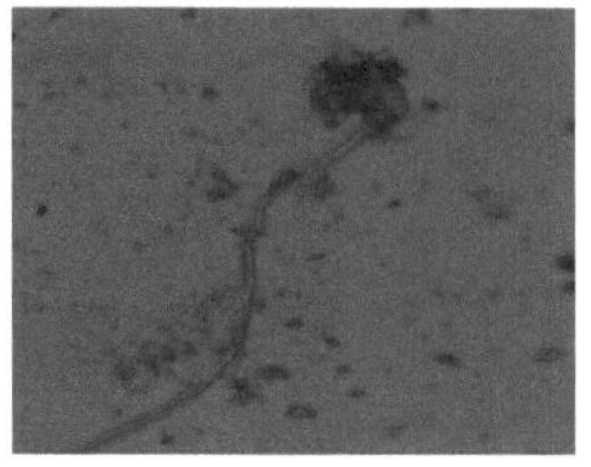

Reino : Fungi
Divisão : Ascomycota
Classe : Eurotiomycetes
Ordem : Eurotiales
Família : Trichocomaceae
Género : *Aspergillus*
Espécie : *A. niger*

O A. niger é um fungo e uma das espécies mais comuns do género *Aspergillus*. Provoca uma doença chamada "bolor negro" em certos frutos e legumes, como uvas, alperces, cebolas e amendoins, e é um contaminante comum dos alimentos. Está omnipresente no solo e é comummente detectado em ambientes interiores, onde as suas colónias negras podem ser confundidas com as de *Stachybotrys* (cujas espécies também são designadas por "bolor negro"). Algumas estirpes de *A. niger* produziram micotoxinas potentes chamadas ocratoxinas; outras fontes discordam, afirmando que este relatório se baseia numa identificação incorrecta das espécies de fungos. Evidências recentes sugerem que algumas estirpes verdadeiras de *A. niger produzem de* facto ocratoxina A. Produz também o is de lavona orobol

Ecologia e patologia

O A. niger encontra-se normalmente em ambientes mesófilos comuns, como o solo, as plantas e ambientes fechados. *O A. niger* não é apenas um fungo xerófilo (bolor que não necessita de água livre para crescer, podendo crescer em ambientes húmidos), mas é também um organismo termotolerante (capaz de crescer a altas temperaturas). Devido a esta propriedade, os fungos filamentosos apresentam uma elevada tolerância a temperaturas de congelação. *O A. niger* é relativamente inofensivo em comparação com outros fungos filamentosos. Apesar deste facto, houve alguns casos médicos que foram contabilizados, tais como infecções pulmonares ou infecções do ouvido em pacientes que têm um sistema imunitário enfraquecido ou um sistema imunitário que foi prejudicado por uma doença ou tratamento médico. No caso das infecções dos ouvidos, *o A. niger* invade o canal auditivo externo, podendo causar danos na pele que encontra.

Esta espécie de fungo filamentoso produz vários metabolitos secundários, sendo um dos mais importantes a ocratoxina *A. A ocratoxina* A é uma micotoxina abundante que contamina os alimentos. O contacto humano com esta toxina ocorre geralmente através do consumo de alimentos que não foram armazenados e tratados adequadamente. No entanto, estudos demonstraram que menos de 10% das estirpes de *A. niger* foram testadas como positivas para a ocratoxina A em condições favoráveis. A produção de ocratoxina A a partir de *A. niger* é suscetível de causar imuno toxicidade em animais. Os efeitos nos animais incluem uma diminuição das respostas dos anticorpos, uma redução do tamanho dos órgãos imunitários e uma alteração na produção de citocinas, que são proteínas e péptidos especificamente utilizados na sinalização. Os alimentos contaminados por metabolitos tóxicos de *A. niger têm tido* um efeito importante na indústria avícola. Diferentes animais, como galinhas, perus e patos, são muito susceptíveis à ocratoxina.

Aplicação da biotecnologia

A. niger tem sido um micróbio muito importante utilizado no domínio da biotecnologia. Muitas das enzimas produzidas por A. niger, tais como ácido cítrico, amilases, lipases, celulases, xilanases e proteases, são consideradas GRAS (geralmente reconhecidas como seguras) pela Administração de Alimentos e Medicamentos dos Estados Unidos e estão isentas dos requisitos de tolerância de aditivos alimentares da Lei Federal de Alimentos, Medicamentos e Cosméticos. Apesar de ser considerado GRAS, o *A. niger* deve ser tratado com segurança e cuidado. *A. niger* também tem sido utilizada para o tratamento de resíduos e modificações químicas conhecidas como bio-transformações. Nos últimos 20 anos, o *A. niger* tem sido utilizado como hospedeiro para a transformação em enzimas alimentares. No entanto, continua a ser importante tratar estes fungos com muito cuidado para evitar a formação de poeira de esporos que pode causar doenças. No entanto, o controlo da ocratoxina A, uma micotoxina, pode reduzir quaisquer riscos e fará com que *o A. niger* seja um organismo seguro.

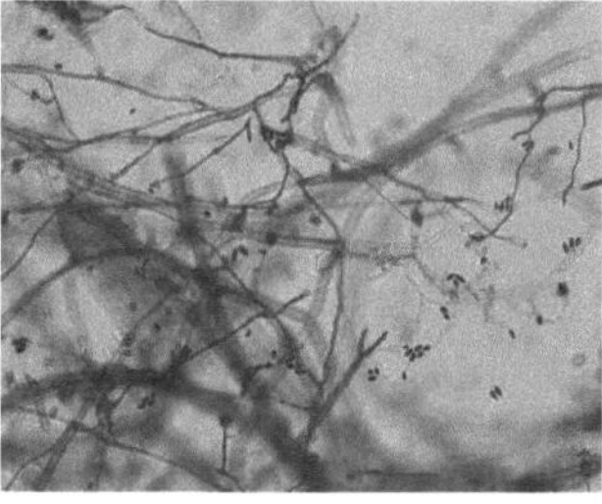

Reino : Fungi
Divisão : Ascomycota
Classe : Sordariomycetes
Ordem : Hypocreales
Família : Nectriaceae
Género : *Fusarium*
Espécie : *F. oxysporum*

O Fusarium oxysporum (Schlecht, emendado por Snyder e Hansen), um fungo ascomicete, inclui todas as espécies, variedades e formas reconhecidas por Wollenweber e Reinking num grupo infragenérico denominado secção Elegans. Faz parte da família das Nectriáceas. Embora o seu papel predominante nos solos nativos possa ser o de endófitos de plantas inofensivos ou mesmo benéficos ou saprófitos do solo, muitas estirpes do complexo *F. oxysporum* são patogénicas para as plantas, especialmente em contextos agrícolas. Perante a ampla ocorrência de estirpes de *F. oxysporum* que não são patogénicas, é razoável concluir que certas formas patogénicas descendem de antepassados originalmente não patogénicos. Dada a associação destes fungos com as raízes das plantas, uma forma que possa crescer para além do córtex e para o xilema poderia explorar esta capacidade e, espera-se, ganhar uma vantagem sobre os fungos que estão limitados ao córtex. A progressão de um fungo para o tecido vascular pode provocar uma resposta imediata do hospedeiro, restringindo com êxito o invasor; ou uma resposta ineficaz ou retardada, reduzindo a capacidade vital de condução de água e induzindo a murchidão. Por outro lado, a planta pode ser capaz de tolerar um crescimento limitado do fungo nos vasos do xilema, precedido por uma associação endofítica. Neste caso, quaisquer outras alterações no hospedeiro ou no parasita poderiam perturbar a relação, de forma a que as actividades fúngicas ou uma resposta do hospedeiro resultassem na geração de sintomas de doença.

As estirpes patogénicas de *F. oxysporum* têm sido estudadas há mais de 100 anos. A gama de hospedeiros destes fungos é vasta e inclui animais, desde artrópodes a seres humanos, bem como plantas, incluindo uma gama de gimnospérmicas e angiospérmicas. Embora, coletivamente, as estirpes de F. oxysporum patogénicas para as plantas tenham uma vasta gama de hospedeiros, os isolados individuais normalmente só causam doenças numa gama restrita de espécies de plantas. Esta observação levou à ideia de uma "forma especial" ou forma specialis em *F. oxysporum*. Formae specials foi definida como "uma classificação informal utilizada para fungos parasitas caracterizados de um ponto de vista fisiológico (por exemplo, pela capacidade de causar doenças em determinados hospedeiros), mas pouco ou nada caracterizados de um ponto de vista morfológico". Foram efectuados estudos exaustivos da gama de hospedeiros para relativamente poucas formae speciales de *F. oxysporum*. Para mais informações sobre *F. oxysporum* como agente patogénico para plantas, ver Fusarium wilt e Koa wilt. Foram utilizadas diferentes estirpes de *F. oxysporum com* o objetivo de produzir nanomateriais (especialmente nanopartículas de prata).

Significado

O F. oxysporum desempenha o papel de um assassino silencioso - as estirpes patogénicas deste fungo podem estar dormentes durante 30 anos antes de retomarem a virulência e infectarem uma planta. *O F. oxysporum* é famoso por causar uma doença chamada murcha *de Fusarium*, que é letal para as plantas e rápida - quando uma planta mostra qualquer sinal exterior de infeção, já é demasiado tarde e a planta morre. Para além disso, *o F. oxysporum não* é discriminatório; pode causar doenças em quase todas as plantas de importância agrícola. Para ver que formas especiais de Fusarium afectam que culturas, clique aqui. Não só é suficientemente mau para os agricultores sofrerem a perda de uma rotação de culturas devido à murchidão *de Fusarium*, como também *o F. oxysporum no seu* conjunto se revela incrivelmente difícil de erradicar. A solução mais eficaz é a esterilização do solo, que é demasiado dispendiosa para a maioria dos agricultores, que, em vez disso, utilizam fungicidas mais económicos que têm apenas resultados limitados. Além disso, os esporos de *F. oxysporum* podem sobreviver no ar durante longos períodos de tempo, pelo que a rotação de culturas não é um método de controlo útil. Em suma, a murcha de *Fusarium* é um encargo financeiro para o agricultor, o que aumenta os custos agrícolas que, em última análise, aumentam os preços no supermercado para nós, os consumidores. Para combater este flagelo, os cientistas do sector alimentar desenvolveram culturas resistentes à murchidão, como a banana Cavendish. A banana Cavendish foi introduzida em cerca de 1,00,000 acres de terras agrícolas na América Central, que anteriormente tinham sido cultivadas com bananas antes de serem contaminadas pelo *F. oxysporum*. Esta nova cultura foi capaz de sobreviver e reproduzir-se com sucesso sem murchar, aparentemente resistente aos fungos patogénicos. Para além disso, *o F. oxysporum* pode ser nocivo tanto para os seres humanos como para os animais, sendo que as suas micotoxinas causam as doenças ceratite fúngica, onicomicose e hialohifomicose, que são aqui descritas mais detalhadamente. As manifestações clínicas das doenças causadas por *Fusarium* nos seres humanos são muito mais prováveis em indivíduos imunocomprometidos, especialmente os que sofrem de infecções cutâneas e subcutâneas, inflamação, artrite ou diálise.

No entanto, a vasta gama de variação fenotípica das espécies de *Fusarium* torna-as excelentes sistemas de modelos fúngicos. Existem ricos recursos de estirpes (>30.000 estirpes registadas), proporcionando oportunidades sem paralelo para estudar os mecanismos genéticos subjacentes à diversidade fenotípica dentro de cada espécie e entre espécies individuais. Assim, embora *o F.*

oxysporum possa parecer uma praga nociva, há também uma boa hipótese de abrir as portas à investigação e a uma nova compreensão das formas de vida dos fungos. O género *Syncephalastrum* é caracterizado pela formação de merosporângios cilíndricos num inchaço terminal do esporangióforo. Os esporangiósporos estão dispostos numa única fila dentro dos merosporângios. *Syncephalastrum racemosum* é a espécie tipo do género e um potencial agente patogénico para o ser humano; no entanto, não existem casos bem documentados. Encontra-se principalmente no solo e no estrume em regiões tropicais e subtropicais. Pode também ser um contaminante aéreo de laboratório. O esporangióforo e os merosporângios das espécies de *Syncephalastrum* também podem ser confundidos com uma espécie de *Aspergillus*, se o isolado não for examinado cuidadosamente.

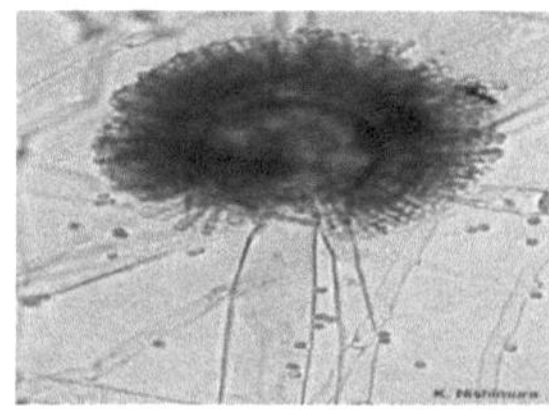

Reino : Fungi
Ordem : Mucorales
Família : Syncephalastraceae
Género : *Syncephalastrum*
Espécie : *S. racemosum*

Descrição morfológica:

As colónias têm um crescimento muito rápido, de cotonoso a fofo, branco a cinzento claro, tornando-se cinzento escuro com o desenvolvimento de esporângios. Os esporangióforos são erectos, semelhantes a estolhos, produzindo frequentemente rizóides adventícios, e apresentam ramificação simpodial (ramificação racemosa) produzindo ramos laterais curvos. O pedúnculo principal e os ramos formam vesículas terminais, globosas a ovóides, que apresentam merosporângios semelhantes a dedos diretamente em toda a sua superfície. Na maturidade, os merosporângios são de paredes finas, evanescentes e contêm cinco a dez (até 18) esporangiósporos globosos a ovóides, de paredes lisas (merosporos). Temperatura máxima de crescimento 40 °C.

Características principais:

Mucorales, produzindo esporangióforos ramificados simpodialmente com vesículas terminais contendo merosporângios.

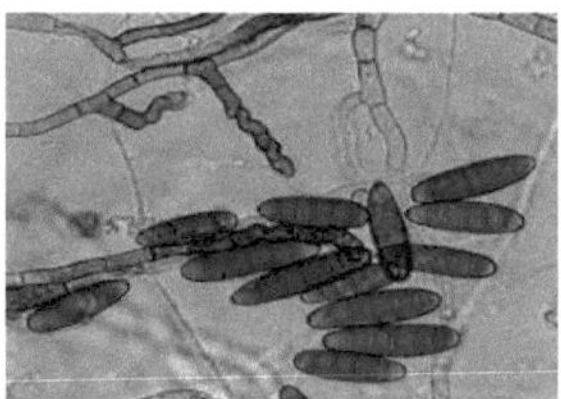

Reino : Fungi
Divisão : Ascomycota
Classe : Dothideomycetes
Ordem : Pleosporales
Família : Pleosporaceae
Género : *Drechslera*
Espécie : *poae*

Esta doença já foi considerada a doença mais importante da primavera e do outono do bluegrass do Kentucky, mas a utilização generalizada de cultivares resistentes de bluegrass diminuiu o impacto desta doença. Ainda assim, é possível encontrar alguma mancha foliar na maioria dos relvados domésticos na primavera, e pode danificar relvados recém-semeados e certas cultivares susceptíveis de bluegrass do Kentucky. Esta doença pode por vezes ser grave. A mancha foliar e o derretimento da *Drechslera poae* desenvolvem-se no final de março até meados de maio, voltando a ocorrer no outono. As plantas infectadas desenvolvem inicialmente pequenas manchas foliares elípticas de cor púrpura. As manchas tornam-se cinzentas claras ou bronzeadas, mas permanecem rodeadas por uma margem castanha escura a púrpura. O tecido foliar que envolve as manchas pode tornar-se amarelo. A fase de mancha foliar da doença geralmente não danifica significativamente a planta. No entanto, o fungo também pode infetar a copa, os rizomas e as raízes. À medida que as temperaturas diurnas aumentam, as folhas das plantas infectadas pela coroa tornam-se verde-claras ou amarelas, como a relva deficiente em azoto. Por fim, estas plantas morrem e tornam-se castanhas ou cor de palha. Esta fase é designada por fase de fusão da doença. O derretimento grave resulta em manchas irregulares de relva morta. Os relvados danificados são desbastados e sujeitos à invasão de ervas daninhas. Os sintomas na festuca alta são semelhantes. *O D. poae*, assim como outros fungos deste grupo geral, esporula para produzir conídios (esporos) multicelulares, com pigmentação escura. Tal como ilustrado com um fungo semelhante, Bipolaris sorokiniana, a esporulação ocorre na superfície do tecido de relva infetado. Os conídios são facilmente disseminados pelo vento, água e ceifa, e a pigmentação escura torna-os resistentes à decomposição pela luz ultravioleta.

Mancha vermelha da folha

A mancha vermelha das folhas é mais comum no capim-colonião do que no capim-braquiária. Nos últimos anos, no entanto, a doença tem ocorrido com frequência crescente em várias cultivares mais recentes de capim-braquiária. A mancha vermelha da folha é uma doença de alta temperatura, que ocorre de junho a agosto. Os primeiros sintomas visíveis na superfície do relvado são pequenas manchas castanhas a vermelhas, que variam em tamanho de 1 a 8 polegadas ou mais. Em condições favoráveis para o desenvolvimento da doença, os centros de infeção podem coalescer e danificar grandes áreas da superfície de jogo. Ao contrário de outras doenças de manchas foliares em relvados com lâminas maiores, é difícil ver um verdadeiro sintoma de mancha foliar na relva rasteira. Na altura em que as manchas vermelhas são observadas na superfície de jogo, as lâminas individuais das folhas já estão normalmente murchas. Os conídios (esporos) podem muitas vezes ser observados com a ajuda de uma lente manual. Morfologicamente, os conídios são semelhantes aos produzidos por outros géneros de fungos deste grupo.

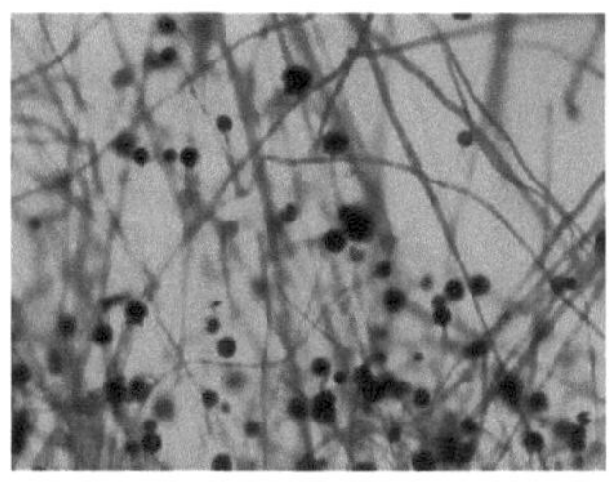

As colónias deste género de fungos são tipicamente brancas a bege ou cinzentas e de crescimento rápido. As colónias em meio de cultura podem crescer até vários centímetros de altura. As colónias mais velhas tornam-se cinzentas a castanhas devido ao desenvolvimento de esporos. Os esporos ou esporangiósporos *de Mucor mucedo* podem ser simples ou ramificados e formam esporângios apicais e globulares que são suportados e elevados por uma columela em forma de coluna. As espécies de *Mucor* podem ser diferenciadas dos bolores dos géneros Absidia, Rhizomucor e Rhizopus pela forma e inserção da columela e pela ausência de estolhos e rizóides. Algumas espécies de *M. mucedo* produzem clamidósporos. Formam bolores com hifas irregulares não septadas que se ramificam em ângulos amplos (> 90°).

Reprodução

No *M. mucedo* (espécie do género), a reprodução é assexuada. Quando os esporangióforos hifais erectos são formados. A ponta do esporangióforo incha para formar um esporângio globoso que contém esporangiósporos haplóides uninucleados. Uma extensão do esporangióforo, denominada columela, projecta-se para o interior do esporângio. As paredes do esporângio são facilmente rompidas para libertar os esporos, que germinam prontamente para formar um novo micélio em substratos apropriados. Durante a reprodução sexual, as estirpes compatíveis formam hifas curtas e especializadas denominadas gametângios. No ponto em que dois gametângios complementares se fundem, desenvolve-se um zigosporângio esférico de paredes espessas. O zigotosporângio contém normalmente um único zigósporo. A cariogamia nuclear e a meiose (recombinação sexual) ocorrem nos zigósporos, que se pensa serem de vida longa e resistentes a condições adversas. Podem germinar para formar hifas ou um esporângio. Mucor inclui espécies homotálicas (auto-compatíveis) e heterotálicas.

Significado clínico

A maioria das espécies de "*Mucor*" não consegue infetar os seres humanos e os animais endotérmicos devido à sua incapacidade de se desenvolver em ambientes quentes próximos dos 37 graus. As espécies termotolerantes, como o Mucor indicus, causam por vezes infecções necrotizantes oportunistas e frequentemente de rápida disseminação, conhecidas como zigomicose.

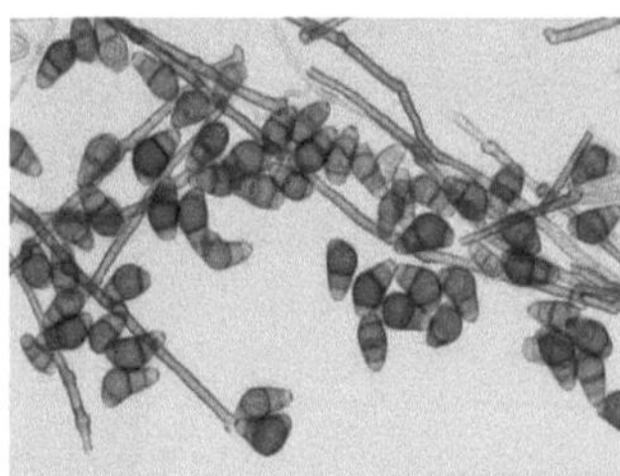

Reino : Fungi
Divisão : Ascomycota
Classe : Dothideomycetes
Ordem : Pleosporales
Família : Pleosporaceae
Género : *Curvularia*
Espécie : *C. lunata*

A Curvularia é um fungo hifomiceto (bolor) que é um agente patogénico facultativo, ou parceiro benéfico de muitas espécies de plantas e comum no solo. A maioria dos *Curvularia* encontra-se em regiões tropicais, embora alguns se encontrem em zonas temperadas. *A Curvularia é* definida pela espécie-tipo *C. lunata* (Wakker) Boedijn. *A C. lunata* aparece como um crescimento brilhante, aveludado e preto, na superfície da colónia. *C. lunata distingue-se* por hifas septadas, dematiáceas, que produzem conidióforos castanhos e geniculados. Os poroconídios são curvados ligeiramente a distintamente, septados transversalmente, com uma terceira célula expandida a partir da extremidade do poro do conídio. *A Curvularia* pode ser facilmente distinguida de *Bipolaris* e *Drechslera* spp. uma vez que os conídios são não-distoseptados, ou seja, septados de borda a borda da parede conidial. O estado teleomórfico da espécie-tipo *Curvularia lunata* é *Cochliobolus lunatus* (Fam. Pleosporaceae, Ord. Pleosporales, Cla. Loculoascomycetes, Phy. Ascomycota).

O género *Curvularia* contém cerca de 80 espécies, que são na sua maioria agentes patogénicos do solo ou das plantas. Estudos recentes mostraram que a identificação morfológica não se correlaciona com a identificação molecular (Manamgoda *et al.* 2012). Uma análise filogenética dos géneros *Bipolaris* e *Curvularia resultou* num realinhamento de várias espécies. Os isolados clínicos anteriormente identificados como espécies de *Bipolaris*, nomeadamente *B. australiensis*, *B. hawaiiensis* e *B. spicifera,* foram agora transferidos para *Curvularia* (Manamgoda *et al.* 2012). Anteriormente, *C. lunata* era a espécie clínica mais frequentemente relatada, no entanto, outras espécies, como *C. americana, C. brachyspora, C. chlamydospora, C. clavata, C. hominis, C. inaequalis, C. muehlenbeckiae, C. pallescens, C. pseudolunata, C. senegalensis* e *C. verruculosa* foram agora também registadas em casos clínicos (Revankar e Sutton, 2010, da Cunha *et al.* 2013, Madrid *et al.* 2014).

Morfologia

As colónias são de crescimento rápido, semelhantes a camurça a penugem, castanhas a castanho-escuras com um reverso preto. Conidióforos erectos, rectos a flexuosos, septados, frequentemente geniculados (produzindo conídios em sucessão simpodial), por vezes nodulosos. Os conídios são elipsoidais, frequentemente curvos ou semilunares, arredondados nas extremidades ou, por vezes, afinando ligeiramente em direção à base, castanho-claro, castanho-avermelhado médio a castanho-escuro, 3-10 (normalmente 3-5) septos, parede conidial lisa a verrucosa. Em algumas espécies, o hilo é protuberante.

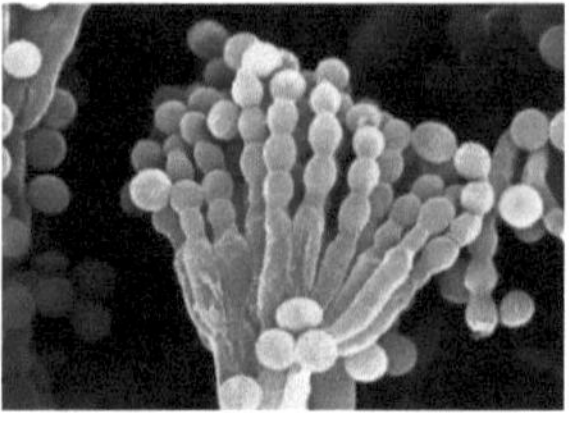

Reino : Fungi
Divisão : Ascomycota
Classe : Eurotiomycetes
Ordem : Eurotiales
Família : Trichomaceae
Género : *Talaromyces*
Espécie : *T. marneffei*

Talaromyces é um género de fungos da família Trichocomaceae. Descrito em 1955 pelo micologista americano Chester Ray Benjamin, as espécies do género formam corpos frutíferos macios e cotonosos (ascocarpos) com paredes celulares constituídas por hifas fortemente entrelaçadas. Os corpos de fruto são frequentemente amarelados ou estão rodeados por grânulos amarelados. Uma estimativa de 2008 colocou 42 espécies no género, mas desde então foram descritas várias espécies novas. As espécies de Penicillium são geralmente consideradas sem importância em termos de causar doenças humanas. *O Penicillium marneffei*, atualmente designado por *Talaromyces marneffei*, descoberto em 1956, constitui uma exceção. Atualmente, é considerado um dos dez fungos mais temidos do mundo. É a única espécie de *Penicillium* termicamente dimórfica conhecida e pode causar uma infeção sistémica letal (peniciliose) com febre e anemia, semelhante à criptococose disseminada.

Epidemiologia

Existe uma elevada incidência de peniciliose (talaromicose) em doentes com SIDA no Sudeste Asiático; 10% dos doentes em Hong Kong contraem peniciliose como doença relacionada com a SIDA. Casos de infecções humanas por *Penicillium marneffei* (penicilose) também foram notificados em doentes seropositivos na Austrália, na

Europa, no Japão, no Reino Unido e nos EUA. Todos os doentes, exceto um, tinham visitado o Sudeste Asiático anteriormente. A doença é considerada uma doença que define a SIDA. Descoberta em ratos de bambu (Rhizomys) no Vietname, está associada a estes ratos e à região tropical do Sudeste Asiático. *A P. marneffei* é endémica em Myanmar (Birmânia), Camboja, Sul da China, Indonésia, Laos, Malásia, Tailândia e Vietname. Embora tanto os imunocompetentes como os imunocomprometidos possam ser infectados, é extremamente raro encontrar infecções sistémicas em doentes HIV-negativos. A incidência de *P. marneffei* está a aumentar à medida que o VIH se espalha pela Ásia. Um aumento das viagens e da migração a nível mundial significa que terá uma importância crescente como infeção em doentes com SIDA.

P. marneffei foi encontrado em fezes, fígado, pulmões e baço de ratos de bambu. Foi sugerido que estes animais servem de reservatório para o fungo. Não é claro se os ratos são afectados pelo *P. marneffei* ou se são apenas portadores assintomáticos da doença. Um estudo com 550 doentes com SIDA mostrou que a incidência era maior durante a estação das chuvas, que é quando os ratos se reproduzem. Mas esta estação também apresenta condições mais favoráveis à produção de esporos fúngicos (conídios), que podem ser transportados pelo ar e inalados por indivíduos susceptíveis. Outro estudo não conseguiu estabelecer o contacto com ratazanas-do-bambu como um fator de risco, mas a exposição ao solo foi o fator de risco crítico. No entanto, as amostras de solo não revelaram grande quantidade do fungo. Não se sabe se as pessoas contraem a doença comendo ratos infectados ou inalando os fungos das suas fezes. Sabe-se que um médico seropositivo foi infetado quando frequentava um curso de microbiologia tropical. Ele não manipulou o organismo, embora os estudantes do mesmo laboratório o tenham feito. Presume-se que contraiu a infeção ao inalar um aerossol contendo conídios *de P. marneffei*. Isto mostra que as infecções transmitidas pelo ar são possíveis.

Apresentação clínica

Os doentes apresentam normalmente sintomas e sinais de infeção do sistema reticuloendotelial, incluindo linfadenopatia generalizada, hepatomegalia e esplenomegalia. O sistema respiratório também está frequentemente envolvido; podem estar presentes tosse, febre, dispneia e dor torácica, reflectindo a provável via inalatória de aquisição. Cerca de um terço dos doentes pode também apresentar sintomas gastrointestinais, como diarreia.

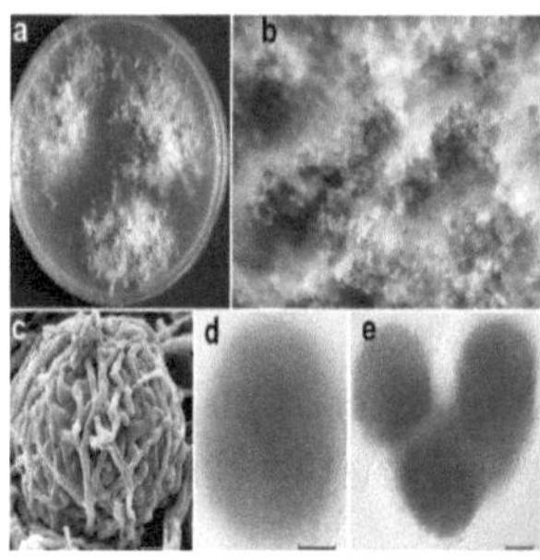

Reino : Fungi
Divisão : Ascomycota
Classe : Eurotiomycetes
Ordem : Eurotiales
Família : Trichocomaceae
Género : *Talaromyces*
Espécie : *T. marneffei*

O Talaromyces marneffei foi observado pela primeira vez em 1950, este novo e interessante ascomiceto termófilo, em cama de palha obtida do material de nidificação de galinhas domésticas. A palha foi humedecida e depois incubada a 500 C durante vários dias. Felizmente, foi iniciada com sucesso uma boa cultura em ágar YpSs a partir deste material original, pois as repetidas tentativas de encontrar o fungo novamente em condições naturais não foram bem sucedidas. No entanto, mais recentemente, foi efectuado um segundo isolamento a partir de palha obtida na mesma localidade em que foi encontrado o material original. Devido ao seu hábito de crescimento termofílico, associado à aparente ausência de uma fase assexuada com esporos finos, parece provável que *Talaromyces*.

Diagnóstico

Hifas incolores, septadas, ramificadas, decumbentes a erectas, formando um supículo mucidinoso solto em cultura. *Hifas ariais de* espessura variável, com 2-12µ de largura. Hifas da próstata construídas nos septos formando cadeias ramificadas de células que se quebram facilmente. Ascocarpos superficiais com 100-250µ de diâmetro, dispersos a gregários, globosos, castanho-escuros, não estiolados, parede glabrosa, compostos por células poligonais, ascos pré-formados quando jovens, irregularmente oblongos quando maduros.

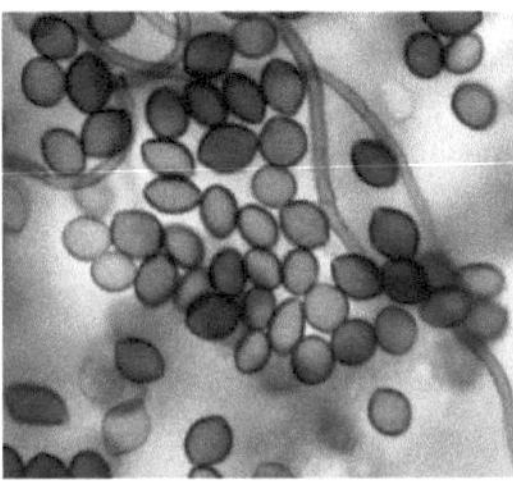

Reino : Fungi
Divisão : Ascomycota
Classe : Sordariomycetes
Ordem : Sordariales
Família : Chaetomiaceae
Género : *Chaetomium*
Espécie : *thermophillium*

O *Chaetomium thermophilum* é um fungo filamentoso termofílico. Cresce em estrume ou composto (matéria orgânica podre). Destaca-se por ser um eucariota com uma elevada tolerância à temperatura (60 °C). A sua temperatura óptima de crescimento é de 50 - 55 °C. As espécies de *C. thermophilum* são objeto de investigação no Departamento de Bioquímica da Universidade de Heidelberg, Alemanha. Uma vez que os fungos são eucariotas e não estão distantes dos animais, são bons modelos para investigação comparativa e fácil de manipular e, no caso do *C. thermophilum*, tem um significado especial. Em primeiro lugar, dado o facto de ser *termofílico*, as proteínas derivadas deste fungo são estáveis ao calor e, por isso, mais fáceis de trabalhar. As proteínas de *C. thermophilum* são *termófilas* e, por conseguinte, mais adequadas para estudos (estruturais e bioquímicos) do que as de fungos mesófilos comparáveis. Ao estudar as proteínas do complexo de poros nucleares, verificou-se que o isolamento das proteínas era mais abundante e mais solúvel do que na levedura (as proteínas da levedura precipitam a uma temperatura mais baixa).

A primeira observação de um metabolon no metabolismo dos ácidos gordos em alta resolução veio da análise microscópica crio-eletrónica de homogenatos celulares de *C. thermophilum*. Outros complexos proteicos e interacções de ordem superior foram previstos e validados utilizando uma nova integração de métodos experimentais e computacionais que incluem proteómica, espetrometria de massa com ligações cruzadas, biologia estrutural computacional e microscopia eletrónica. Os homogenatos celulares de *C. thermophilum* foram utilizados para derivar estruturas de complexos proteicos em alta resolução, com pureza do complexo proteico nativo < 40%. As condições do fundo do tanque são mais críticas para o camarão do que para outras espécies de aquacultura, porque os camarões passam a maior parte do tempo no fundo, enterram-se no solo e ingerem o solo do fundo do tanque (Boyd, 1989; Chien, 1989). A distribuição do camarão Penaeid no ambiente natural pode ser influenciada pelas características do sedimento (William, 1958). O camarão Penaeid escava-se normalmente no substrato para se esconder dos predadores. As condições do solo do fundo dos tanques influenciam a qualidade da água e a produção. Banerjea (1967) revelou que o potencial de produção de peixe nos tanques era influenciado pelo pH e pelas concentrações de matéria orgânica, azoto e fósforo nos solos. As concentrações de nutrientes e a produtividade do fitoplâncton nas águas dos tanques estão relacionadas com o pH e as concentrações de nutrientes nos solos (Boyd, 1995; Boyd e Munsiri, 1996).

Os nutrientes e os resíduos orgânicos tendem a acumular-se no fundo e são, em certa medida, removidos da fase aquática. Contudo, uma acumulação excessiva para além do que poderia ser definido como a capacidade de carga dos sedimentos pode resultar na deterioração do sistema do tanque. Tal desenvolvimento parece ser de especial importância para a cultura de camarões, uma vez que estes vivem na zona de transição solo-água. As reacções e os fluxos dentro e através da interface água-solo são muito significativos nos sistemas aquáticos naturais e ainda mais nos sistemas de aquicultura intensiva. A matéria orgânica deposita-se e acumula-se no fundo do tanque em tanques extensivos, semi-intensivos e intensivos. As condições anaeróbias desenvolvem-se nos sedimentos dos tanques de camarão intensivamente povoados e alimentados, sendo o processo mais pronunciado com o aumento da intensificação dos tanques. O desenvolvimento de condições anaeróbias limita a produção e constitui um obstáculo a uma maior intensificação (Munsiri *et al.*, 1995; Steeby *et al.*, 2004; Thunjai *et al.*, 2004).

No presente estudo, os macro e micronutrientes desempenham um papel importante na determinação do sucesso da sobrevivência e do crescimento de 120 culturas de L. vannamei. Os sedimentos são enriquecidos com nutrientes e matéria orgânica através da sedimentação de materiais orgânicos no fundo do tanque. A concentração de nutrientes (incluindo compostos de carbono orgânico) no solo do fundo do tanque é tipicamente várias ordens de magnitude mais elevada do que a encontrada na água. As bactérias consomem grandes quantidades de oxigénio e os sedimentos tornam-se anóxicos abaixo da superfície. Ram *et al.* (1981, 1982) verificaram que a densidade de bactérias aeróbias e anaeróbias no solo do fundo da lagoa é duas a quatro ordens de grandeza superior à densidade destes grupos na coluna de água. Allan *et al.* (1995) referiram que a densidade das bactérias no sedimento do lago é duas vezes superior à da coluna de água. Burford *et al.* (1998) registaram uma contagem bacteriana de 15,5 x 109 células/g no centro dos lagos onde as lamas se acumulavam e 8,1 x 109 células/gm na periferia dos lagos. Verificou-se que a contagem de bactérias aumentava com as concentrações de nutrientes e com a menor granulometria do sedimento.

Durante o período de estudo, o pH do sedimento manteve-se na gama óptima para a operação de cultura. Boyd e Pipoppinyo (1994) relataram que os sedimentos deviam ter um pH de 7,5-8,0 porque a atividade microbiana era mais rápida nessa gama de pH. A aplicação de probióticos no solo do tanque pode acelerar a decomposição de produtos orgânicos indesejáveis e outros produtos residuais (Gatesoupe, 1999). O aumento do aparecimento de bactérias multirresistentes nos últimos anos foi preocupante e começa a corroer o nosso arsenal de antibióticos para combater a resistência aos antibióticos, limitando assim as opções terapêuticas para os clínicos actuais (Zulkifli *et al.*, 2009). A piscicultura tem enfrentado problemas de doença como outros sectores da criação intensiva e a utilização de agentes antimicrobianos aumentou significativamente (Spanggard *et al.*, 1993).

A decomposição microbiana de matéria orgânica recicla nutrientes e previne a acumulação de matéria orgânica no fundo do tanque. O intervalo ótimo de carbono orgânico no sedimento do tanque é de 1-3% (Banerjea, 1967). No entanto, durante o período de estudo, as concentrações de matéria orgânica em ambos os tanques de categoria eram inferiores à gama óptima. Concentrações mais baixas são desfavoráveis para o crescimento de organismos bentónicos que são alimentos importantes para muitas espécies e concentrações mais altas favorecem condições anaeróbicas na interface sedimento - água. A matéria orgânica do solo contém cerca de 50-58% de carbono (Nelson e Sommers, 1982). O potencial redox dos tanques de ensaio foi significativamente inferior ao dos tanques de controlo. Estudos anteriores relataram que o Eh em sedimentos de piscicultura era tão baixo quanto - 200 mV (Pawar *et al.*, 2002). As concentrações totais de fósforo e azoto nos tanques de ensaio foram inferiores às dos tanques de controlo. Wang e He (1999) registaram uma diminuição das concentrações de fósforo total, fósforo inorgânico total, azoto total e carbono orgânico total nos sedimentos depois de os tanques terem sido tratados com probióticos comerciais. Durante o cultivo de camarão, era comum acumular material orgânico no fundo do tanque originado de ração não utilizada, fezes e morte de plâncton (Avnimelech *et al.*, 1995). Portanto, os níveis de nutrientes (N, P e C) no sedimento do tanque são geralmente mais altos na fase final em comparação com a fase inicial.

No presente estudo, os macro e micronutrientes desempenham um papel importante na determinação do sucesso da sobrevivência e do crescimento de 120 culturas de *L. vannamei*. Os fungos crescem ativamente no mar ou se os isolados reflectem simplesmente a sobrevivência destes fungos sob a forma de esporos. Foi feita referência aos efeitos dos habitats, da disponibilidade de substratos para colonização, da distribuição geográfica e da temperatura, da salinidade, da conclusão da inibição e dos micro habitats na diversidade de fungos marinhos. No entanto, estes são apenas alguns dos factores que influenciam a ocorrência e a distribuição dos fungos marinhos; outros incluem os nutrientes orgânicos dissolvidos, a concentração de iões de hidrogénio, os efeitos osmóticos, a disponibilidade de oxigénio, os poluentes, a abundância de propágulos na água, a capacidade de impacto e de fixação em substratos adequados, a pressão hidrostática, a especificidade do substrato, a temperatura e a amplitude das marés e talvez mesmo a luz (Babu et al., 2010).

Lagenidum callinectes foi relatado pela primeira vez como um fungo patogénico de ovos do caranguejo azul e mais tarde encontrado em ovos e larvas de camarão (Crisp *et al.*, 1989). No estudo anterior, 20 gêneros e 46 espécies de fungos cultiváveis foram identificados no camarão Litopenaeus vannamei e em suas águas de cultivo em duas fazendas no Brasil. Os três gêneros mais prevalentes foram *Aspergillus, Penicillium* e *Fusairum*. Uma grande lesão no músculo de um espécime de camarão pode ser devida a *Fusarium solani* (Silva *et al.*, 2011). Khoa, *et al.*, (2004) relataram que a alta mortalidade é reputada quando a guelra do camarão é infetada com *Fusarium incarnatum. Aspergillus flavus* foi a espécie mais prevalente, compreendendo 22% de todos os isolados. *Aspergillus fumigates, A. niger* e *A. terreus* também foram prevalentes e foram registados como agentes de aspergilose pulmonar. Além disso, *o A. flavus* é conhecido como a espécie fúngica mais poderosa capaz de produzir aflatoxinas, que são micotoxinas com potencial carcinogénico. Karunasagar *et al.*, (2004) sugerem que foram isoladas cerca de quinhentas espécies de fungos de ambientes marinhos e estuarinos, das quais algumas são patogénicas para os camarões. Os estádios larvares dos camarões são geralmente afectados por *Lagenidium callinectes* e *Serolpidium* sp., podendo observar-se normalmente esporos e micélios fúngicos nos tecidos afectados, particularmente nas brânquias e nos apêndices. Ramasamy *et al.* (1996) registaram mortalidades em larvas de *Penaeus monodon* e *Penaeus vannamei* nas fases de náuplio, zoea e mysis. *A fusariose* e a doença das brânquias negras causadas por *Fusarium* sp. podem afetar todas as fases de desenvolvimento do camarão Penaeid. *O Fusarium* sp. é um agente patogénico oportunista que pode levar a mortalidades elevadas. A doença foi registada em tanques onde a gestão da qualidade da água era deficiente. As hifas fúngicas podem ser detectadas no tecido animal afetado utilizando microscopia ótica.

A alta contagem bacteriana no sedimento pode ser atribuída à presença de alta matéria orgânica e nutrientes no sedimento do que na coluna d'água. O nível de bactérias heterotróficas totais observado no sedimento durante o período de cultivo foi semelhante ao encontrado em outros viveiros de cultivo de camarão. Devaraja *et al.* (2002) relataram que os níveis de bactérias heterotróficas totais eram de 3,75 x 105 UFC/g no solo do fundo do tanque coletado de um tanque de cultivo de camarão. Tendencia *et al.* (2006) relataram níveis de THB em solo de fundo de viveiro de camarão, variando de 5,4 x 105 UFC/g a 6,8 x 105 UFC/g. Ficou claro no estudo que a aplicação do bioaumentador "Detrodigest" na água e no sedimento e do probiótico intestinal "Enterotrophotic" teve um efeito benéfico na sobrevivência e no crescimento de *P. monodon*. Estudos anteriores mostraram que a aplicação do probiótico *Bacillus coagulans* SC8168 na água teve efeitos benéficos sobre a taxa de sobrevivência das larvas de camarão (*P. vannamei*) (Zhou *et al.*, 2009). Além disso, a suplementação de um probiótico comercial contendo Bacillus sp como ingrediente aumentou significativamente a taxa de sobrevivência do camarão branco indiano (*Fenneropenaeus indicus*) em comparação com controlos não tratados (Ziaei-Nejad *et al.*, 2006). Um resultado semelhante foi obtido por

Nogami e Maeda (1992), que isolaram uma estirpe bacteriana PM-4 (*Thalassobacter utilis*) da água do mar e inocularam-na em tanques de criação de larvas de caranguejo-azul (*P. trituberculatus*) a concentrações de 10^6 células/mL e observaram uma sobrevivência de 27,2% nos tanques de ensaio em comparação com 6,8% no tanque de controlo.

A aplicação de probióticos melhorou a sobrevivência, as taxas de crescimento e a taxa de produção de *L. vannamei*. Ao mesmo tempo, nesta cultura não há registo de infecções fúngicas ou bacterianas em toda a cultura. As condições do fundo do tanque são mais críticas para o camarão do que para outras espécies de aquacultura, porque o camarão passa a maior parte do tempo no fundo, enterra-se no solo e ingere o solo do fundo do tanque (Boyd, 1989; Chien, 1989). A distribuição do camarão Penaeid no ambiente natural pode ser influenciada pelas características do sedimento (William, 1958). O camarão *Penaeid* escava-se normalmente no substrato para se esconder dos predadores. As condições do solo do fundo dos tanques influenciam a qualidade da água e a produção. Banerjea (1967) revelou que o potencial de produção de peixe em tanques era influenciado pelo pH e pelas concentrações de matéria orgânica, azoto e fósforo nos solos.

As concentrações de nutrientes e a produtividade do fitoplâncton nas águas dos tanques estão relacionadas com o pH e as concentrações de nutrientes nos solos (Boyd, 1995; Boyd e Munsiri, 1996). Os nutrientes e os resíduos orgânicos tendem a acumular-se no fundo e são assim, até certo ponto, removidos da fase aquática. No entanto, uma acumulação excessiva para além do que poderia ser definido como a capacidade de carga dos sedimentos pode resultar na deterioração do sistema do tanque. Tal desenvolvimento parece ser de especial importância para a cultura de camarões, uma vez que estes vivem na zona de transição solo-água. As reacções e os fluxos dentro e através da interface água-solo são muito significativos nos sistemas aquáticos naturais e ainda mais nos sistemas de aquicultura intensiva.

A matéria orgânica deposita-se e acumula-se no fundo do tanque em tanques extensivos, semi-intensivos e intensivos.

As condições anaeróbicas se desenvolvem nos sedimentos de viveiros de camarão intensivamente povoados e alimentados, sendo o processo mais pronunciado com o aumento da intensificação do viveiro. O desenvolvimento de condições anaeróbias limita a produção e constitui um obstáculo a uma maior intensificação (Munsiri *et al.*, 1995; Steeby *et al.*, 2004; Thunjai *et al.*, 2004).

Os sedimentos são enriquecidos com nutrientes e matéria orgânica pela sedimentação de materiais orgânicos no fundo do lago. A concentração de nutrientes (incluindo compostos de carbono orgânico) no solo do fundo da lagoa é tipicamente várias ordens de grandeza superior à encontrada na água. As bactérias consomem grandes quantidades de oxigénio e os sedimentos tornam-se anóxicos abaixo da superfície. Ram *et al* (1981, 1982) verificaram que a densidade de bactérias aeróbias e anaeróbias no solo do fundo da lagoa é duas a quatro ordens de grandeza superior à densidade destes grupos na coluna de água. Allan *et al.* (1995) referiram que a densidade das bactérias no sedimento do lago é duas vezes superior à da coluna de água. Burford *et al.* (1998) relataram uma contagem bacteriana de $15,5 \times 10^9$ células/g no centro dos lagos onde o lodo se acumulou e $8,1 \times 10^9$ células/gm na periferia dos lagos.

Verificou-se que a contagem bacteriana aumentou com as concentrações de nutrientes e com o tamanho mais pequeno do grão do sedimento. Durante o período de estudo, o pH do sedimento manteve-se na gama óptima para a operação de cultura. Boyd e Pipoppinyo (1994) referiram que os sedimentos deviam ter um pH de 7,5-8,0 porque a atividade microbiana era mais rápida nessa gama de pH. A aplicação de probióticos no solo do tanque pode acelerar a decomposição de produtos orgânicos indesejáveis e outros produtos residuais (Gatesoupe, 1999). O aumento do aparecimento de bactérias multirresistentes nos últimos anos foi preocupante e começa a corroer o nosso arsenal de antibióticos para combater a resistência aos antibióticos, limitando assim as opções terapêuticas para os clínicos actuais (Zulkifli *et al.*, 2009). A piscicultura tem enfrentado problemas de doença como outros sectores da criação intensiva e a utilização de agentes antimicrobianos aumentou significativamente (Spanggard *et al.*, 1993).

4. RESUMO

As experiências foram efectuadas na SRK Aqua Farm, Adambakkam, Keehimeni, Thachur Junction, distrito de Thiruvalluvar, Tamil Nadu, Índia. As espécies de *L. vannamei são cultivadas* em água doce com práticas de troca de água zero em tanques de 7 ha, cada tanque é um tanque hector. Estes tanques têm 25 anos de idade e cultivam *Macrobrachium rosenbergii*, ou seja, peixes de água doce. A cultura atual é de *L. vannamei* em água doce. A água é proveniente de um poço. A preparação normal do tanque e a fertilização são efectuadas. Foram utilizados na cultura alimentos C.P., probióticos para a água, solo, alimentos e imunoestimulantes. Três lakh de sementes de *vannamei* foram compradas na Bio-marine Aqua Hatcheries, Pondicherry (Índia) e colocadas em tanques de larvas. Após um mês, as sementes foram transferidas para os tanques de cultura. Durante o período de cultivo, praticou-se uma gestão adequada da alimentação e do probiótico. Para além disso, foram aplicados superfosfato, ureia e zeólito em intervalos adequados. Não foram efectuadas trocas de água durante o período de cultivo. Seis rodas de pás de aerador funcionaram continuamente em todos os tanques de cultura, durante o tempo de transmissão da ração os aeradores foram desligados. A percentagem de sobrevivência registou 82% - 91% nos sete tanques de cultura. Após a colheita, os solos dos tanques foram recolhidos em *ziguezague*, sendo o solo bem misturado e analisado. A textura do solo, o NPK, o ferro, o manganês, o zinco e o cobre foram analisados no Laboratório de Ciências do Solo do Departamento de Agricultura, Krishnagiri, Tamil Nadu, Índia. As culturas bacterianas do solo foram analisadas no laboratório Chromepark, em Namakkal. Foram utilizados meios cromogénicos e identificadas e cultivadas seis espécies de estirpes bacterianas. Foram registadas *Escherichia coli*, *Klebsiella pneumonia*, *Enterococcus faecalis*, *Proteus vulgaris*, Pseudomonas aeruginosa e Staphylococcus aureus. Os fungos *mesófilos* e *termofílicos* do solo foram analisados no Departamento de Microbiologia da Universidade Periyar de Salem. Foram identificados *Aspergillus fumigatus*, *Aspergillus nidulans*, Aspergillus *flavus*, *Aspergillus niger*, *Fusarium oxysporum*, *Syncephalastrum racemosum* e Drechslera e discutida a sua morfologia e significado clínico. Os fungos *termofílicos* do solo também foram analisados no mesmo laboratório e identificaram-se *Mucor*, *Currularia*, *Talaromyces*, *Mycorium* e *Chaetomium thermophilum*. Discutiu-se a ecologia, a epidemiologia e o seu significado   clínico.

REFERÊNCIA

Alikunhi, K. H. (1957). Fish culture in India. *Farm Bulletin, 20*, 1-144.

Allen, D. W., & Lueck, D. (1995). Risk preferences and the economics of contracts. *The American Economic Review, 85*(2), 447-451.

Anderson, J. M., & Ingram, J. S. (1994). Tropical soil biology and fertility: a handbook of methods. *Soil Science, 157*(4), 265.

Avnimelech, Y., Mozes, N., Diab, S., & Kochba, M. (1995). Taxas de degradação do carbono orgânico e do azoto em tanques de piscicultura intensiva. *Aquaculture, 134*(3-4), 211-216.

Babu, R., Varadharajan, D., Soundarapandian, P., & Balasubramanian, R. (2010). Diversidade de fungos em diferentes ecossistemas marinhos costeiros ao longo da costa sudeste da Índia. *Revista Internacional de Investigação Microbiológica, 1*(3), 175-178.

Banerjea, S. M. (1967). Qualidade da água e condição do solo dos tanques de peixes em alguns estados da Índia em relação à produção de peixe. *Indian journal of Fisheries, 14*(1 & 2), 115-144.

Barnett, H. L., & Hunter, B. B. (1972). Géneros ilustrados de fungos imperfeitos. *Mac. Millan, Nova Iorque.*

Boyd, C. E. (1989). Gestão da qualidade da água e arejamento na criação de camarões.

Boyd, C. E. (Ed.). (2012). *Solos de fundo, sedimentos e aquacultura de lagoas.* Springer Science & Business Media.

Boyd, C. E., & Munsiri, P. (1996). Capacidade de adsorção de fósforo e disponibilidade de fósforo adicionado em solos de áreas de aquacultura na Tailândia. *Journal of the World Aquaculture Society, 27*(2), 160-167.

Boyd, C. E., & Pippopinyo, S. (1994). Factores que afectam a respiração em solos secos de fundo de tanques. *Aquaculture*, *120*(3-4), 283-293.

Burford, J. E., Friedrich, T. J., & Yasukawa, K. E. N. (1998). Response to playback of nestling begging in the red-winged blackbird, Agelaius phoeniceus. *Animal Behaviour*, 56(3), 555-561.

Chien, Y. H. (1989, outubro). O manejo de sedimentos em viveiros de camarão. In *Anais do Terceiro Congresso Brasileiro de Camarão, João Pessoa, PB, Brasil*.

Cooney, D. G., & Emerson, R. (1964). Thermophilic fungi (Vol. 27). São Francisco: WH Freeman.

Cripps, S. J., & Bergheim, A. (2000). Gestão e remoção de sólidos em sistemas intensivos de produção aquícola em terra. *Aquacultural engineering*, 22(1-2), 33-56.

Davis, H. S., & Davis, H. S. (1953). Culture and diseases of game fishes. *Univ of California* Press.

Devaraja, T. N., Yusoff, F. M., & Shariff, M. (2002). Alterações nas populações bacterianas e na produção de camarão em tanques tratados com produtos microbianos comerciais. *Aquaculture*, 206(3-4), 245-256.

Ellis, M.B. (1971) Dematiaceous Hyphomycetes. Commonwealth Mycological Institute, Kew, Surrey, Inglaterra, 608.

Garibaldi, L. (1996). Lista das espécies animais utilizadas em aquicultura. *Circular* FAO *Pesca*, (914).

Gatesoupe, F. J. (1999). A utilização de probióticos em aquacultura. *Aquaculture*, 180 (1-2), 147-165.

Hastings, W. H., e Dickie, L. M. (1972). Formulação e avaliação de rações. *Fish Nutri*, 327-374.

Hauser, G. (1885). Über Fäulnissbacterien und deren Beziehungen zur Septicämie: Ein Beitrag zur Morphologie der Spaltpilze. FCW Vogel.

Hobbs Iii, H. H., Jass, J. P., & Huner, J. V. (1989). A review of global crayfish introductions with particular emphasis on two

North American species (Decapoda, Cambaridae). *Crustaceana*, 299-316.

Jackson, M. (1958). Soil chemical analysis prentice Hall. Inc., Englewood Cliffs, NJ, 498(1958), 183-204.

Jahan, P., Watanabe, T., Satoh, S., & Kiron, V. (2001). Formulação de dietas com baixo teor de fósforo para a carpa (Cyprinus carpio L.). *Aquaculture Research*, 32, 361-368.

Jhingran, V. G. (1974). A critical appraisal of the water pollution problem in India in relation to aquaculture. Proceedings of the Indo-Pacific Fishery Countries, 15(2), 45-50.Khoa, L. V., Hatai, K., and Aoki, T. (2004). *Fusarium incarnatum* isolado de camarão-tigre preto, Penaeus monodon Fabricius, com doença da guelra negra cultivado no Vietname. *J. Fish Diseases*, 27(9), 507-515.

Ling, S. W. (1977). Aquaculture in Southeast Asia: A *Historical Overview Volume* 465.

Lunz, G. R., e C. M. Bearden. 1963. Controlo de peixes predadores na criação de camarões. Contribuições do Bears Bluff Laboratories No. 36: 1-9.

Madrid H, Da Cunha KC, Gene J, Dijksterhuis J, Cano J, Sutton DA, Guarro e Crous P (2014) Novas espécies de Curvularia a partir de espécimes clínicos. Persoonia 33: 48-60. https://doi.org/10.3767/003158514X683538

Manamgoda, D. S., Cai, L., McKenzie, E. H., Crous, P. W., Madrid, H., Chukeatirote, E., ... & Hyde, K. D. (2012). Uma reavaliação filogenética e taxonómica do complexo Bipolaris-Cochliobolus-Curvularia. *Fungal diversity*, *56*(1), 131-144.

Munro, A. D. (1986). Efeitos da melatonina, serotonina e naloxona na agressão em peixes ciclídeos isolados (Aequidens pulcher). *Journal of pineal research*, *3*(3), 257-262.

Munsiri, P., Boyd, C. E., & Hajek, B. F. (1995). Características físicas e químicas dos perfis do solo do fundo dos lagos em Auburn, Alabama, EUA e um sistema proposto para descrever os horizontes do solo dos lagos. *Journal of the world Aquaculture Society*, *26*(4), 346-377.

Nelson, D. W., & Sommers, L. E. (1982). Carbono total, carbono orgânico e matéria orgânica. *Methods of soil analysis: Parte 2 propriedades químicas e microbiológicas, 9*, 539-579.

New, M. B., D'Abramo, L. R., Valenti, W. C., & Singholka, S. (2000). Sustainability of freshwater prawn culture (Sustentabilidade da cultura de camarões de água doce). *Freshwater Prawn Culture. The Farming of Macrobrachium rosenbergii. Blackwell Science Ltd., Oxford, Londres*, 429-433.

Nogami, T., Oka, S., Naganuma, K., Nakata, T., Maeda, C., & Haida, O. (1992, março). Tempo de vida da electromigração em função do comprimento da linha ou do número de passos. Em *30th Annual Proceedings Reliability Physics 1992* (pp. 366-372). IEEE.

Onions, A.H.S. (1986). Allsopp D, Eggins HOW. Smith's Introduction to Industrial Mycology. Smith's Introduction to Industrial Mycology. Londres: Edward Arnold.

Pawar, S., & Kumar, A. (2002). Questões na formulação de medicamentos para uso oral em crianças: papel dos excipientes. *Pediatric Drugs, 4*, 371-379.

Pillai, C. G. (1972). Stony corals of the seas around India.

Ram, N., Ulitzur, S. e Avinmelech, Y. 1981. Alterações microbianas e químicas que ocorrem na interface lama-água num tanque de peixes intensivamente povoado e alimentado. *Bamidgah*, 33(3): 71-87.

Ram, N.M., Zur, O. e Avinmelech, 1982. Alterações microbianas que ocorrem na interface sedimento-água num tanque de peixes intensivamente povoado e alimentado. *Aquaculture*, 27: 63-72.

Ramasamy, P., Rajan, P. R., Jayakumar, R., Rani, S., & Brennan, G. P. (1996). Lagenidium callinectes (Couch, 1942) infection and its control in cultured larval Indian tiger prawn, Penaeus monodon Fabricius. *Journal of Fish Diseases, 19*(1), 75-82.

Revankar, S. G., & Sutton, D. A. (2010). Fungos melanizados em doenças humanas. *Clinical Microbiology Reviews, 23*(4), 884-928.

Shewan, J. M., Hobbs, G., & Hodgkiss, W. (1960). Os grupos de bactérias Pseudomonas e Achromobacter na deterioração de peixe branco marinho. *Journal of Applied Bacteriology*, *23*(3), 463-468.

Silva, L. R. C. D., Souza, O. C. D., Fernandes, M. J. D. S., Lima, D. M. M., Coelho, R. R. R., & Souza-Motta, C. M. (2011). Diversidade fúngica cultivável do camarão Litopenaeus vannamei boone de fazendas de criação no Brasil. *Revista Brasileira de Microbiologia*, *42*, 49-56.

Simidu, U., & Aiso, K. (1962). Ocorrência e distribuição de bactérias heterotróficas na água do mar da Baía de Kamogawa. *Bull. Jap. Soc. Sci. Fish*, *28*, 1133-1141.

Spanggaard, B., Jørgensen, F., Gram, L., & Huss, H. H. (1993). Antibiotic resistance in bacteria isolated from three freshwater fish farms and an unpolluted stream in Denmark. *Aquaculture*, *115*(3-4), 195-207.Steeby, J. A., Hargreaves, J. A., & Tucker, C. S. (2004). Factores que afectam a procura de oxigénio nos sedimentos em tanques comerciais de peixe-gato. *Journal of the World Aquaculture Society*, *35*(3), 322-334.

Subramanian, C. V. (1971). Hyphomycetes. Uma descrição das espécies indianas, exceto Cercosporae.

Tendencia, E. A., Fermin, A. C., dela Peña, M. R., & Choresca Jr, C. H. (2006). Efeito de Epinephelus coioides, Chanos chanos, e tilápia GIFT em policultura com Penaeus monodon no crescimento da bactéria luminosa Vibrio harveyi. *Aquaculture*, *253*(1-4), 48-56.Thunjai, T., Boyd, C. E., & Boonyaratpalin, M. (2004). Qualidade do solo do fundo em tanques de tilápia de diferentes idades na Tailândia. *Aquaculture Research*, *35*(7), 698-705.

Turner, S. E., & Anderson, R. C. (1949). Estudos espectrofotométricos sobre a formação de complexos com ácido sulfosalicílico. III. Com cobre (II). *Journal of the American Chemical Society*, *71*(3), 912-914.

Wang, G., & Qianhong, S. (1999). Cultura de camarões de água doce na China. *Aquaculture Asia*, *4*(2), 14-17.

Williams, R. (2011). A cultura é comum (1958). *Teoria da cultura: Uma antologia, 5359.*

Zhou, X. X., Wang, Y. B., & Li, W. F. (2009). Efeito do probiótico nas larvas de camarão (*Penaeus vannamei*) com base na qualidade da água, na taxa de sobrevivência e nas actividades das enzimas digestivas. *Aquaculture, 287*(3-4), 349-353.

Ziaei-Nejad, S., Rezaei, M. H., Takami, G. A., Lovett, D. L., Mirvaghefi, A. R., e Shakouri, M. (2006). O efeito das bactérias *Bacillus* spp. utilizadas como probióticos na atividade das enzimas digestivas, na sobrevivência e no crescimento do camarão branco indiano *Fenneropenaeus indicus. Aquaculture, 252*(2-4), 516-524.

Zulkifli, Y., Alitheen, N., Raha, A., Yeap, S., Marlina, S. R., & Nishibuchi, M. (2009). Resistência a antibióticos e perfil plasmídico de Vibrio parahaemolyticus isolado de berbigões em Padang, Indonésia. *Internat. Food Res. J.*, 16, 53-58.

Printed by Books on Demand GmbH, Norderstedt / Germany